国家出版基金资助项目

俄罗斯数学经典著作译丛

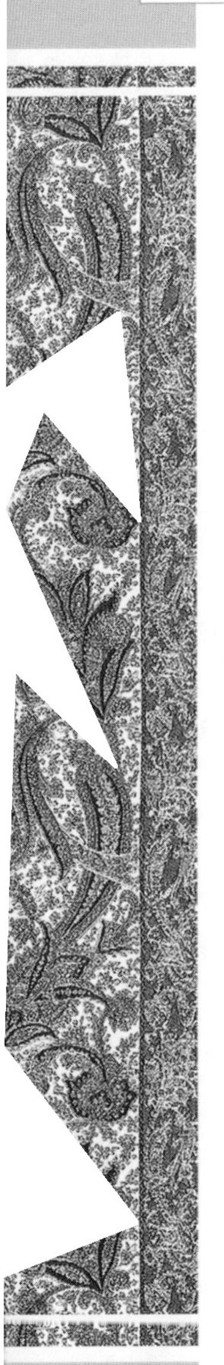

几何作图中的直尺

JIHE ZUOTU ZHONG DE ZHICHI

[苏] A. C. 斯莫戈尔热夫斯基 著

余应龙 译

HITP
哈尔滨工业大学出版社
HARBIN INSTITUTE OF TECHNOLOGY PRESS

内 容 简 介

这本小册子中研究的问题是只利用一把直尺或者再利用某个辅助图形作图，与此有关的是研究射影几何的一些基本概念.

这本小册子的读者对象是高年级中学生、教育学院和大学低年级学生以及数学教师.

图书在版编目(CIP)数据

几何作图中的直尺/(苏)A. C. 斯莫戈尔热夫斯基著;余应龙译. —哈尔滨:哈尔滨工业大学出版社，2024.1

(俄罗斯数学经典著作译丛)

ISBN 978－7－5767－1213－1

Ⅰ. ①几…　Ⅱ. ①A…　②余…　Ⅲ. ①画法几何　Ⅳ. ①O185.2

中国国家版本馆 CIP 数据核字(2024)第 030537 号

策划编辑　刘培杰　张永芹
责任编辑　刘春雷
封面设计　孙茵艾
出版发行　哈尔滨工业大学出版社
社　　址　哈尔滨市南岗区复华四道街 10 号　邮编 150006
传　　真　0451－86414749
网　　址　http://hitpress.hit.edu.cn
印　　刷　辽宁新华印务有限公司
开　　本　787 mm×1 092 mm　1/16　印张 4.25　字数 59 千字
版　　次　2024 年 1 月第 1 版　2024 年 1 月第 1 次印刷
书　　号　ISBN 978－7－5767－1213－1
定　　价　48.00 元

◎ 前言

用直尺和圆规作图的功能问题,也就是用这两种经典的几何作图工具(两种都用或者只用一种)解决的问题的范围直到19世纪才得到完整的研究.在此之前,有些数学家把直尺和圆规作为万能工具,认为如果利用这两种工具,那么对于解决任何作图问题都是有效的[①].这样的观点在几何发展史上起着负面作用,持这种观点的人以偏执的想法对每一个作图题均用直尺和圆规的可解性进行讨论,在许多情况下花费大量的精力去寻求不存在的解,例如化方为圆、三等分角、倍立方问题[②].

对只用一把直尺就可以完成的作图的研究是由透视理论的发展引起的,也是由于在广泛地区实施的大地测量进行作图的必要性而导致的,其中圆规的使用在技术上并不是主要的,在那个时代用放置标杆的方法是很容易确定直线的.

---

①术语"作图问题"与"关于作图的问题"是同义词.

②这三个问题采用以下提法:1.已知圆的半径,作正方形(面积)等于给定的圆(面积).2.将已知角分成三个相等的部分.3.已知正方体的棱长,作一个正方体使其体积是给定正方体的两倍.

已经证明,第一个和第三个问题不可能用直尺和圆规解决,第二个问题只有在个别情况下才可以解决(例如,当已知角是直角时).

本书所研究的最典型的问题是,只用一把直尺就能解决的作图问题.值得我们注意的情况是,使用直尺的功效的提高是由于在平面内有预先画好的确定的辅助图形(例如,两条平行线或相交的两圆).许多这样的情况也是我们将要研究的.

我们遵循综合几何的方法进行讲述,即避免采用一些具有算术和代数特征的方法.本书只是在最初的几节中对这个原理给出了一些不太重要的叙述,为的是能够简化叙述.

我们注意到,定理的证明和问题的解答是以综合几何的方法为基础的,通常没有原来那么精美,希望读者在本书中找出许多证明上述说法的例子.

现在请读者把注意力转向§18,这一节表明,如果已经画出了非同心的两个圆,而且这两个圆没有公共点,那么只利用直尺作这两个圆的圆心是不可能的."不可能性的证明"大多数是属于较难的数学问题,通常需要非凡而极为聪明的想法.我们设想,读者关心的是§17中强调的内容,在那里安排了这样的一个证明.

下面介绍一下希腊字母表,这些符号在本书中经常要用到.

希腊字母表

Αα——alpha	Ββ——beta	Γγ——gamma
Δδ——delta	Εε——epsilon	Ζζ——zeta
Ηη——eta	Θθ——theta	Ιι——iota
Κκ——kappa	Λλ——lambda	Μμ——mu
Νν——nu	Ξξ——xi	Οο——omicron
Ππ——pi	Ρρ——rho	Σσ——sigma
Ττ——tau	Υυ——upsilon	Φφ——phi
Χχ——chi	Ψψ——psi	Ωω——omega

◎ 目录

综合几何与射影几何的一些定理

第1编

§1 平面的无穷远元素

我们约定每一条直线(下面将提到的无穷远直线除外)有一个且只有一个无穷远点,这一点属于与该直线平行的所有直线,相交于有限距离的点的两条直线的无穷远点不同.

根据这一约定,我们可以断言,任何两条直线都可相交,并且只交于一点. 如果两条直线平行,那么它们的交点是无穷远点.

我们进一步称平面内所有无穷远点构成的集合为无穷远直线. 下面我们将确认这一定义的合理性.

引进无穷远点和无穷远直线的概念是由本书所研究问题的特征而决定的. 这一概念的引进,使我们避免了要将一些定理必须排除特殊情形而变得复杂的情况,如果我们不利用这些概念,那么这些特殊情形也是成立的. 另外,它与我们要研究的射影直接相关.

设点 A 在给定平面 α 内,点 P 在 α 外. 设直线 PA 与不经过点 P 的平面 β 交于点 B. 此时,点 B 称为点 A 在平面 β 上的射影,直线 PA 称为射影直线,点 P 称为射影中心,β 称为射影平面. 类似地,如果这些直线和射影中心位于同一平面内,那么可以研究直线在直线上的射影.

如果在平面α内给出某个图形F,从中心P将F的所有点向平面β投影,在平面β内得到图形Φ,那么图形Φ称为图形F的射影. 特别地,直线的射影是直线.

可以使射影中心P是无穷远点,此时平行直线的射影都平行.

射影可以重复实施多次. 例如,从不在平面β内的中心Q将上面得到的图形Φ在不经过Q的平面γ上射影,得到图形Ψ,它也称为图形F的射影. 如果平面α和γ重合,那么F及其射影Ψ将位于同一平面内.

现在研究一种特殊情况. 设平面α内给出两条平行直线:$l \parallel m$(图1). 包含直线l和射影中心P的平面λ同时包含由直线l的点的射影组成的所有直线;这一平面与平面β的交线l'是直线l在平面β上的射影. 类似地,平面β与包含直线m和点P的平面μ的交线m'是直线m在平面β上的射影.

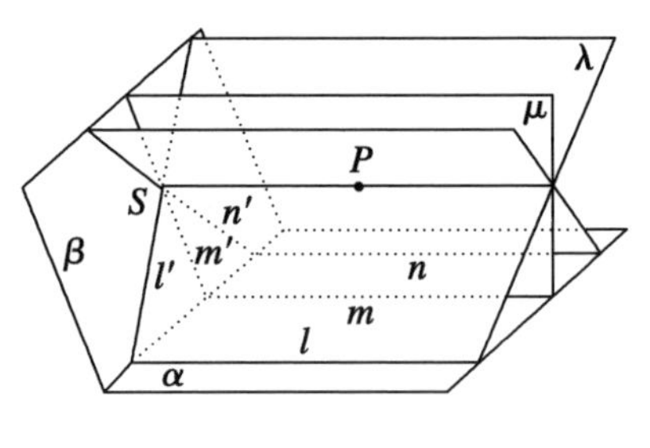

图1

如果平面α和β不平行,且射影中心P在有限距离上,那么直线l'和m'交于某个点S,有$PS \parallel \alpha$. 如果在平面α内再给定一条平行于直线l和m的直线n,那么它在平面β上的射影也经过点S.

我们自然认为点S是直线l,m和n的公共的无穷远点的射影. 更确切地说,我们之所以引进无穷远点的概念,就是因为,如果没有这一概念,在将直线l',m'和n'看作直线l,m和n的射影时,我们将不得不从中排除点S,因为它在平面α内没有原像.

不难理解,平面α的所有无穷远点所组成的集合在平面β上的射影将是

平面 β 的经过点 S,且平行于平面 α 的直线;显然,由此我们将这个集合归结为直线一类,这就是它为无穷远直线的原因.

根据上面的设想,如果给出象棋盘的轮廓 $ABCD$ 的射影,那么不难作出象棋盘的射影(图 2).

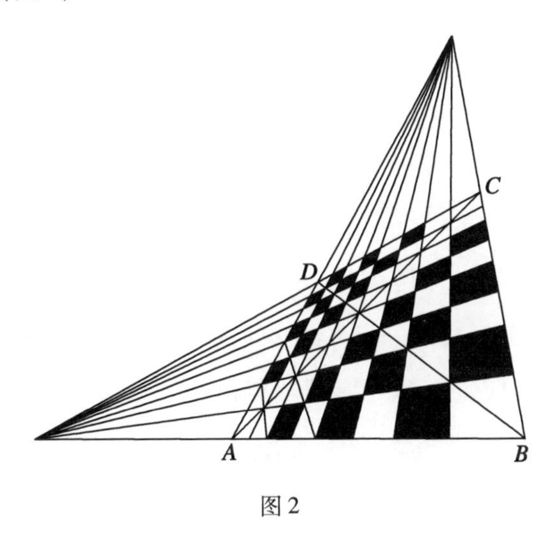

图 2

我们注意到,一般地说,透视中的平行直线给我们的感觉是收敛于一点的;这反映在照片和图画中,如图 3.

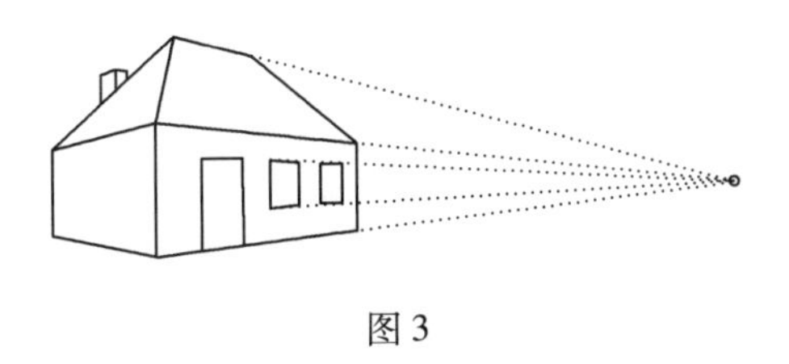

图 3

研究几何图形的射影性质,即它在射影下不进行度量的性质的科学称为射影几何. 在本书中我们将引进射影几何的一些定理.

最后我们需要注意,有时候我们将直线看作半径为无穷大,圆心在垂直于该直线的无穷远点的圆.

§2 关于圆的对称

在本节和下面两节中，我们要研究在叙述中起着辅助作用的圆的一些定理.

设给定半径为r，圆心为K的圆χ和不同于K的点A. 在射线KA上取一点A'，使线段KA和KA'的积等于圆χ的半径的平方，即

$$KA \cdot KA' = r^2 \tag{1}$$

我们规定点A和A'关于圆χ对称.

如果在点A和A'中有一点在圆χ外，那么另一点在圆内；反之亦然. 例如，注意到条件(1)，如果$KA' < r$，那么推出$KA > r$. 如果点A或A'在圆χ上，那么点A和A'重合.

现在研究图4，其中AB是圆χ的切线，BA'是KA的垂线. 因为$\triangle KAB$是直角三角形，所以

$$KA \cdot KA' = KB^2 = r^2$$

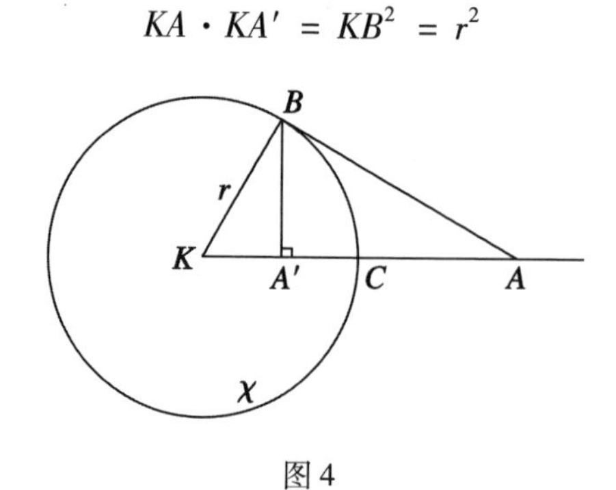

图4

于是点A和A'关于圆χ对称. 因此，如果给出点A，那么作点A'的方法就很显然了，如果给出点A'，那么同样可以作点A.

设线段AA'交圆χ于点C，设$A'C = a$，$CA = b$. 此时$KA' = r - a$，$KA = r + b$. 由式(1)，我们有

$$(r+b)(r-a) = r^2$$

由此得

$$b - a = \frac{ab}{r} \tag{2}$$

如果固定点 C 和 A，r 无限增加，那么在极限情况下圆 χ 就变为垂直于 CA 的直线 CD；同时由式(2) 得到

$$b = a$$

于是，点 A 和 A' 在关于 CD 对称的位置上. 因此，在我们所研究的极限情况下，关于圆的对称变为关于直线的对称①.

定理 1　如果圆 λ 经过关于圆 χ 对称的不同的两点 A 和 A'，那么圆 χ 和 λ 正交.

如果两个圆相交于直角，也就是说，两圆在交点处的切线(或者说过交点的半径) 互相垂直②，那么称这两个圆互相正交.

证明　设点 K 和点 L 分别是圆 χ 和圆 λ 的圆心，P 是两圆的一个交点(图 5). 因为 KP 是圆 χ 的半径，所以等式(1) 为以下形式 $AK \cdot KA' = KP^2$. 注意到圆的割线与圆外部分的积的定理，可以推得，KP 是圆 λ 的切线，于是给定两圆的半径 KP 和 PL 互相垂直，这两个圆互相正交.

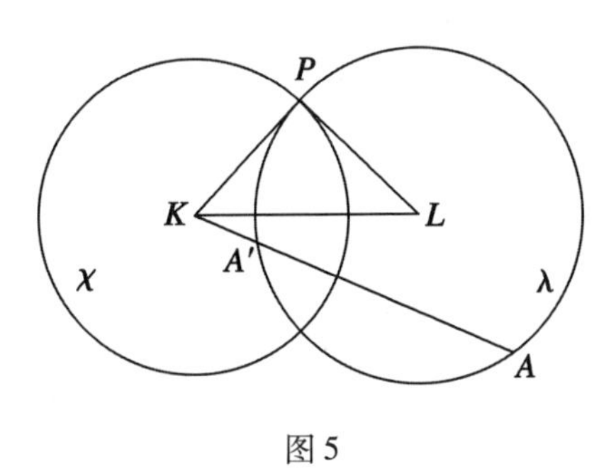

图 5

定理 2　如果圆 χ 和 λ 互相正交，那么经过圆 χ 的圆心 K，并与圆 λ 相交的直线与圆 λ 的两个交点为对称点.

---

① 这可用上面引进的“关于圆的对称” 这一术语来解释.

② 如果两个互相正交的圆之一退化为直线，那么该直线经过第二个圆的圆心，这是容易验证的.

证明　利用图5的记号,我们认为圆χ和λ互相正交,于是KP是圆λ的切线.设经过点K的直线交圆λ于点A和A'.此时有

$$KA \cdot KA' = KP^2$$

由于KA和KA'的乘积等于圆χ的半径KP的平方,所以点A和A'关于圆χ对称,这就是我们要证明的.

§3　点关于圆的幂　两圆的根轴　三圆的根心

设给定半径为 r,圆心为 K 的圆 χ 以及与点 K 的距离为 d 的点 A. 量

$$\sigma = d^2 - r^2 \tag{1}$$

称为点 A 关于圆 χ 的幂.

现在考虑以下情况:

(1) 点 A 在圆 χ 外. 此时 $d > r, \sigma > 0$. 在这种情况下,量 σ 等于从点 A 向圆 χ 引出的切线的长的平方,或者等于从点 A 向 χ 引出的割线与圆外部分的积(图 6).

(2) 点 A 在圆 χ 上. 此时 $d = r, \sigma = 0$.

(3) 点 A 在圆 χ 内. 此时 $d < r, \sigma < 0$. 在这种情况下,σ 等于经过点 A 的圆 χ 的最短的弦的一半的平方,并取负号,或者等于经过点 A 的圆 χ 的任何弦被点 A 分割成的两条线段的积,也取负号(图 7).

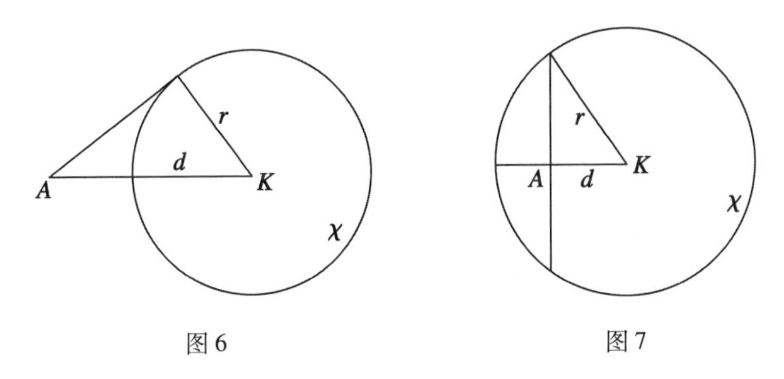

图 6　　　　图 7

引理　如果点 M 到两个已知点 A 和 B 的距离的平方之差是常量,那么点 M 的轨迹 τ 是垂直于直线 AB 的直线.

证明　设直线 AB 上的点 N 和不在直线 AB 上的点 M 都在轨迹 τ 上. 再设线段 AB 和 AN 的长分别为 a 和 x. 根据条件

$$AM^2 - BM^2 = c \tag{2}$$

这里 c 是常数,有

$$x^2 - (a - x)^2 = c$$

由上式得

$$x = \frac{a^2 + c}{2a}$$

由此推得,轨迹 τ 上有且只有一点位于直线 AB 上.

作 $ME \perp AB$(图 8). 此时

$$AM^2 - AE^2 = EM^2 = BM^2 - BE^2$$

于是

$$AM^2 - BM^2 = AE^2 - BE^2$$

由式(2),我们有

$$AE^2 - BE^2 = c$$

这表明,点 E 和 N 重合,所以轨迹 τ 是垂直于经过点 N,且垂直于直线 AB 的直线,这就是要证明的.

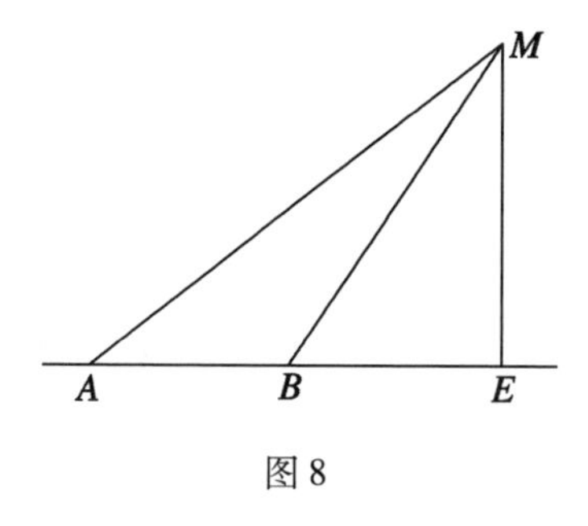

图 8

定理 3 关于两个已知圆的幂相等的点的轨迹是垂直于这两个圆的圆心线的直线.

证明 设 r_1 和 r_2 分别是两个已知圆的半径,d_1 和 d_2 分别是所求轨迹上的点与这两个圆心的距离. 此时,由式(1) 知

$$d_1^2 - r_1^2 = d_2^2 - r_2^2$$

由此得

$$d_1^2 - d_2^2 = r_1^2 - r_2^2 \tag{3}$$

我们将右边是常数的这一等式(式(3)) 用于上面已证明的引理,即可

断言定理 3 成立.

所研究的轨迹称为两个已知圆的根轴.

相交两圆的根轴是经过交点的直线,因为这两个交点关于每一个圆的幂都等于零.

相切两圆的根轴是在切点处的公切线.

如果两个圆没有公共点,那么这两个圆与它们的根轴也没有公共点,否则这两个给定的圆经过这一点.

定理4 与两个圆μ和ν都正交的圆的圆心的轨迹是圆μ和ν的根轴(如果这两圆相交,那么除去它们的公共弦).

证明 在圆μ和ν的根轴上,且在这两个圆的外部取一点P(图9),因为点P关于两个已知圆μ和ν的幂相等,所以这两个圆的过点P的切线的长度相等. 设PQ是这两条切线之一. 显然以PQ为半径,P为圆心的圆与圆μ和ν都正交. 另外,如果任何以M为圆心的圆与圆μ和ν都正交,那么过点M向圆μ和ν所作的切线长度均等于该圆的半径. 于是,点M关于圆μ和ν的幂相等,并且在两个已知圆的根轴上.

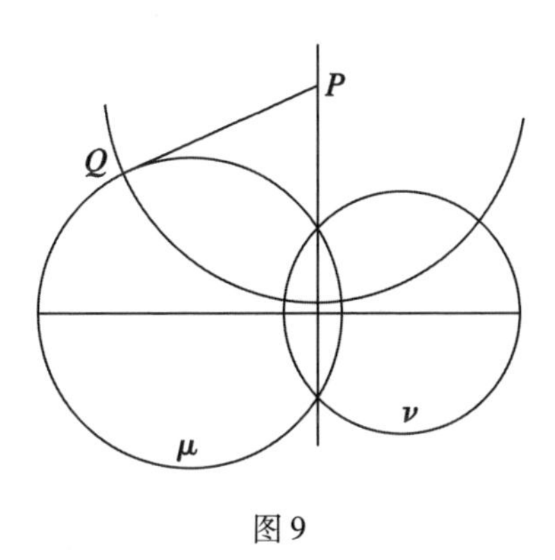

图 9

如果圆μ和ν有公共的圆心N,那么与这两个圆都正交的圆退化为经过点N的直线,又因为直线的"圆心"是无穷远点(见 §1),所以定理 4 给了我们确认两个同心圆的根轴是无穷远直线的基础. 也不难确定任何位于有限距离的点不可能属于两个同心圆的根轴. 实际上,对于这样的点,等式(3) 的左边变为零,而此时右边不等于零.

定理 5　三个圆的两两的根轴或者相交于一点,这个点称为这三个圆的根心,或者重合.

证明　实际上,因为两条根轴的公共点关于这三个圆中的每一个的幂均相同,所以这个公共点也属于第三条根轴. 特别地,由此推得,当两条根轴重合时,第三条根轴也与它们重合,即三个已知圆有公共的根轴.

如果三个圆的圆心在同一直线上,那么它们的根轴平行,于是它们或者相交于无穷远点,或者重合.

§4　直线束和圆束

过同一点的直线的集合称为直线束,这一点称为束心. 显然,平面内不同于束心的每一个点都可以作且只可以作这个直线束的一条直线.

具有公共根轴的圆的集合称为圆束,这一公共的根轴称为圆束的根轴.

特别地,与已知圆同心的圆的集合组成一个以无穷远直线为根轴的圆束,并且经过平面的每一个点都可以作且只可以作这个圆束的一个圆(它们的公共圆心是一个压缩为一点的圆).

如果经过两个非同心的圆中的一个圆的圆心向它们的根轴作垂线,那么根据定理 3,这条垂线经过这两个圆中的第二个圆的圆心. 由此推得,圆束的圆具有公共的圆心直线.

由定理 4 推出,与圆束中的两个圆正交的圆与圆束中的每一个圆都正交.

两个圆 μ 和 ν 总可以确定一个圆束. 我们将证明,经过平面内不在已知圆上,也不在它们的根轴上的任意一点 P,可以作这个圆束的一个圆. 现在看三种情况,条件是给定的这两个圆不是同心圆.

(1) 圆 μ 和 ν 相交于不同的两点 A 和 B. 所求的圆经过点 A,B,P. 它的圆心在圆 μ 和 ν 的圆心线上,这条圆心线是线段 AB 的垂直平分线.

在这种情况下,圆束称为椭圆型圆束. 椭圆型圆束的所有圆都经过这个圆束的两个圆的交点(图 10).

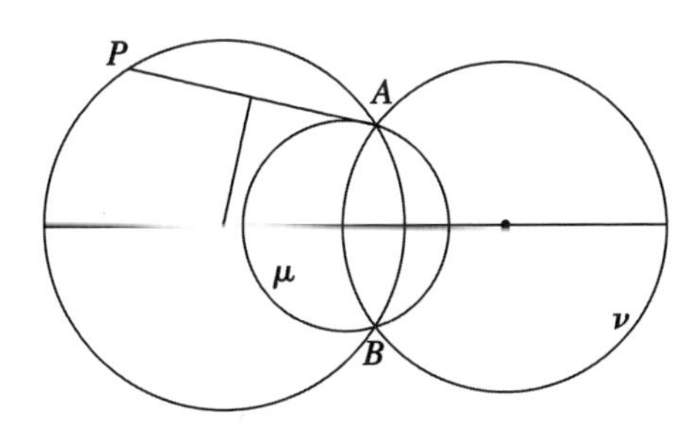

图 10

(2) 圆μ和ν相切于点C. 所求的圆经过两个已知圆的切点C. 它的圆心是线段CP的垂直平分线与圆μ和ν的圆心线的交点.

这样的圆束称为抛物型圆束(图 11).

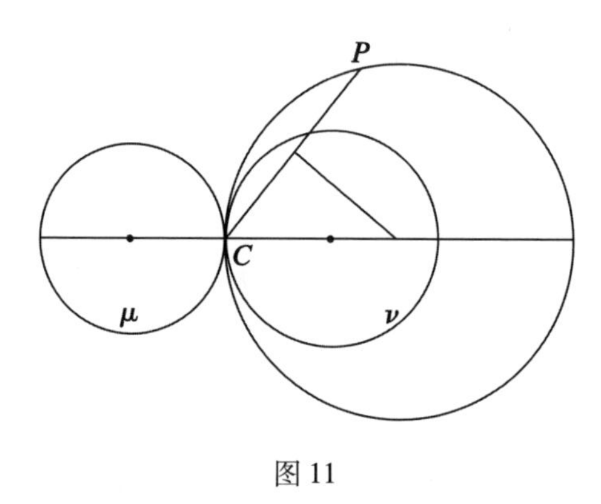

图 11

(3) 圆μ和ν没有公共点. 作圆χ与圆μ和ν正交,作点P关于圆χ的对称点P'(图 12). 所求的圆ξ的圆心是线段PP'的垂直平分线与圆μ和ν的圆心线的交点. 事实上,由定理1,圆ξ与圆χ正交,于是,过圆χ的圆心K向圆μ,ν,ξ所作的切线的长度相等.

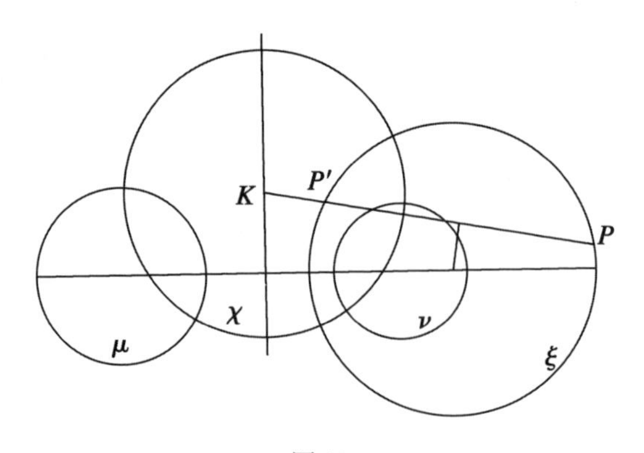

图 12

如果点P和P'重合,那么线段PP'的垂直平分线所起的作用就是从点P向圆χ作的切线. 如果点P是圆χ与圆μ和ν的圆心线的交点,那么圆ξ退化为一点P.

在研究的这一情况下,圆束称为双曲线型圆束. 在双曲线型圆束中不存在两个具有公共点的圆.

§5 交　比

现在我们来研究直线 l 上的线段 AB 和点 C，以及不在这条直线上的点 P（图 13），分别用 a,b,c 表示直线 PA,PB,PC，用 α 和 β 表示 $\angle PAB$，$\angle PBA$，用 (a,b) 表示直线 a 与 b 的夹角 $\angle APB$，等等.

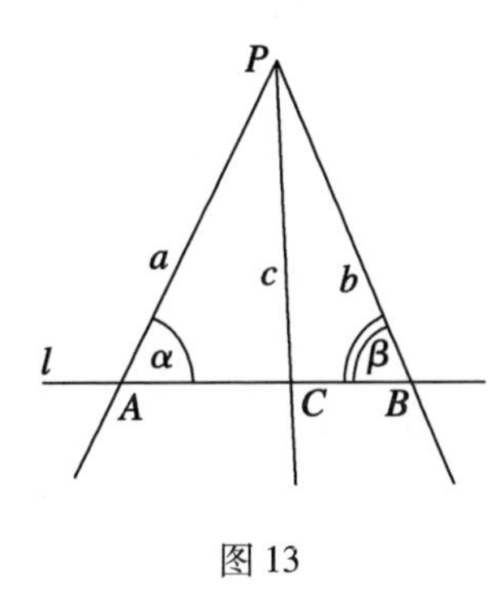

图 13

利用正弦定理，得到

$$AC = CP\frac{\sin(a,c)}{\sin\alpha}, CB = CP\frac{\sin(c,b)}{\sin\beta}$$

由此得

$$\frac{AC}{CB} = \frac{\sin(a,c)}{\sin(c,b)}\cdot\frac{\sin\beta}{\sin\alpha} \tag{1}$$

在根据公式(1)计算比 $AC: CB$ 时，必须认为线段和角是有方向的：如果两条线段的方向相同，那么我们将认为这两条线段为同号的；如果两条线段的方向相反，那么我们将认为这两条线段为异号的. 对角也作类似的规定. 由此，如果点 C 在点 A 和点 B 之间，那么 $AC: CB > 0$；如果点 C 在直线 AB 上，且在线段 AB 之外，那么 $AC: CB < 0$.

我们还要研究直线 l 上的点 D 和用 d 表示的直线 PD. 类似地，由式(1)得到

$$\frac{AD}{DB} = \frac{\sin(a,d)}{\sin(d,b)}\cdot\frac{\sin\beta}{\sin\alpha} \tag{2}$$

引进下面的符号

$$(ABCD)=\frac{AC}{CB}:\frac{AD}{DB},(abcd)=\frac{\sin(a,c)}{\sin(c,b)}:\frac{\sin(a,d)}{\sin(d,b)}$$

量$(ABCD)$称为一直线上的四点A,B,C,D的交比,$(abcd)$称为一直线束的四条直线a,b,c,d的复比或非调和比.

由式(1)和式(2),可推出以下等式

$$(ABCD)=(abcd) \tag{3}$$

作一条不同于l,且不经过点P的直线l',并设直线l'与a,b,c,d四条直线的交点分别为A',B',C',D'(图14). 显然,这四点可以看作为以P为中心,四点A,B,C,D在直线l'上的射影. 与等式(3)类似,我们有

$$(A'B'C'D')=(abcd)$$

由此从式(3)也得到

$$(A'B'C'D')=(ABCD)$$

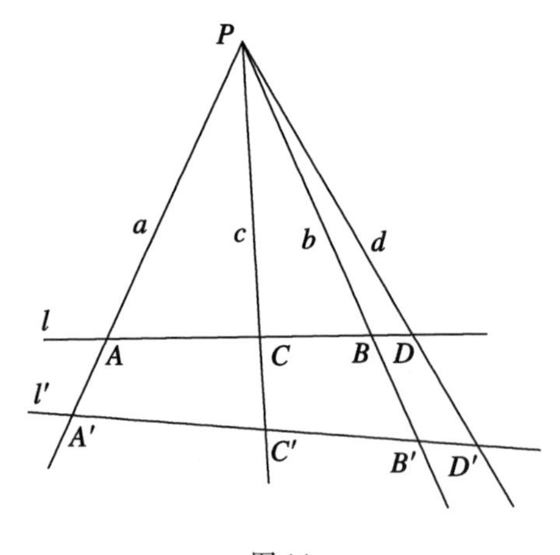

图14

由如上所说,可推出以下定理:

定理6 如果直线束中的四条直线与不经过束心的第五条直线相交,那么给定四条直线的交比等于相应交点的交比.

定理7 直线上四点的交比的量在射影变换下不变.

不难确认,直线束的四条直线也具有类似的性质. 因此我们将不使用这一性质,所以就不进行证明了.

定理8 如果改变交比$(ABCD)$中的点A和B(或C和D)的位置,那么

交比变为原交比的倒数.

证明 实际上

$$(BACD)=\frac{BC}{CA}:\frac{BD}{DA}=\frac{CB}{AC}:\frac{DB}{AD}=\frac{1}{(ABCD)}$$

$$(ABDC)=\frac{AD}{DB}:\frac{AC}{CB}=\frac{1}{(ABCD)}$$

最后注意到,不同四点的交比不可能等于 1. 实际上,如果

$$(ABCD)=\frac{AC}{CB}:\frac{AD}{DB}=1$$

那么

$$\frac{AC}{CB}=\frac{AD}{DB}$$

由此推得,如果 A 和 B 是不同的两点,那么点 C 和点 D 重合,于是我们的断言成立.

§6　直线上的四点和直线束的四条直线的调和分布

如果任意直线上四点 A,B,C,D 的交比$(ABCD)$ 等于 -1,即

$$(ABCD) = -1 \tag{1}$$

那么我们说点偶 C,D 将同一直线上的点偶 A,B 分割成调和点偶.

这表明,点偶 C,D 将线段 AB 分割成绝对值相等的比,一个比是内分比,另一个比是外分比. 由此直接推出如下定理.

定理9　在任意 $\triangle PQR$ 中,顶点 R 处的内角平分线和外角平分线与直线 PQ 相交的点偶将点偶 P,Q 分割成调和点偶.

如果条件(1) 得到满足,那么也可以说,同一条直线上的点 $A,B;C,D$ 形成调和组,而点 D 称为点 $A,B;C$ 的第四调和点. 在这一写法中,要注意标点符号,带有逗号的点偶区别于另一点偶(或点).

如果$(abcd) = -1$,那么对直线束的四条直线的关系也可以使用类似的术语表达.

定理10　如果点偶 C,D 将点偶 A,B 分割成调和点偶,那么点偶 A,B 也将点偶 C,D 分割成调和点偶.

证明　实际上

$$(CDAB) = \frac{CA}{AD}:\frac{CB}{BD} = \frac{AC}{AD}:\frac{CB}{DB} = \frac{AC}{CB}:\frac{AD}{DB} = (ABCD) = -1$$

定理11　如果点 A 和 A' 关于圆χ 对称,直线 AA' 交圆χ 于点 M 和 N,那么点偶 $A,A';M,N$ 形成调和组.

证明　设点 A 在圆χ 外(图 15). 过点 A 作圆χ 的切线 AB 和 AC,再作直线 BC,BM,BN. 因为直线 AA' 经过圆χ 的圆心 K,所以 BC 交 AA' 于点 A'.

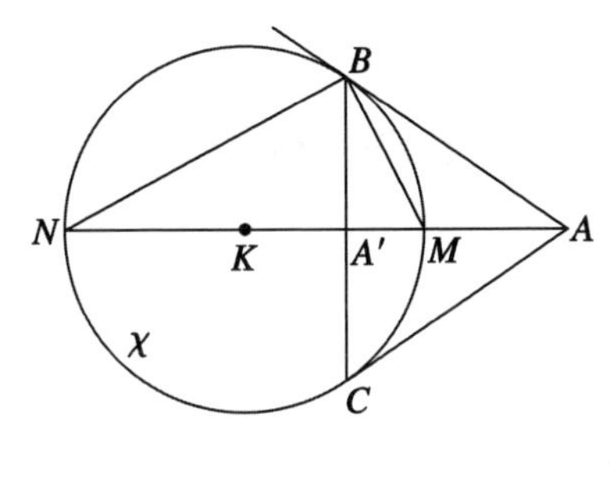

图 15

显然，$\angle ABM = \angle MBC$，因为这两个角分别对应圆 χ 的相等的弧 BM 和弧 MC 的一半度量. 于是，射线 BM 是 $\triangle ABA'$ 的 $\angle B$ 的平分线，垂直于 BM 的射线 BN 是 $\angle B$ 的外角平分线. 所以由定理 9，点 $A, A'; M, N$ 成调和组.

由定理 11 推出，作给定一直线上的三点 $A, B; C$ 的第四个调和点 D 的简单方法：以线段 AB 为直径作圆 λ，作点 C 关于圆 λ 的对称点 D. 如果点 C 是线段 AB 的中点，那么从这一作图看出 D 将是无穷远点.

在 §11 中，我们将证明只利用直尺就可以作第四调和点.

§7　完全四边形的调和性质

本节中我们将证明的定理对本书后文的论述具有重要的意义；我们在解决一些作图题时将用到这些定理.

由任意三点都不在同一直线上的四点（图 16 中的点 A,B,C,D），以及两两联结这四点的六条直线组成的图形称为完全四边形，这四点称为顶点，这六条直线称为边.

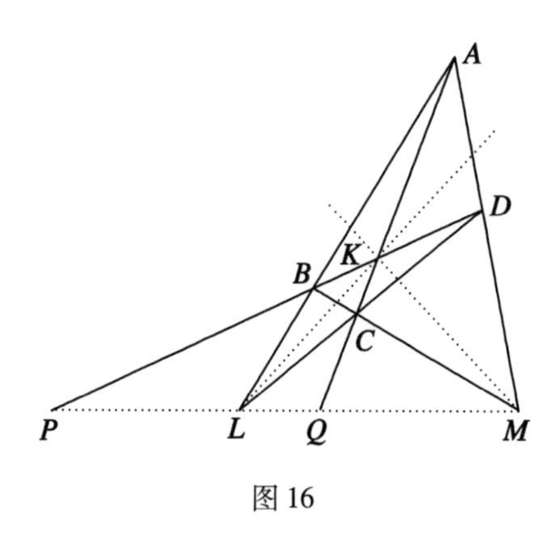

图 16

完全四边形的边除了相交于顶点，还相交于三点（图 16 中的点 K,L,M）. 直线 KL,LM,MK 称为完全四边形的对角线.

定理 12　完全四边形的每一对对角线将经过这两条对角线的交点的边分割为调和点偶.

证明　设 BD 和 AC 与完全四边形 $ABCD$ 的对角线 LM 分别相交于点 P 和 Q（图 16）. 点 L,M,P,Q 分别是边 BD 上的点 B,D,P,K 从中心 A 出发的射影，所以

$$(LMPQ) = (BDPK) \tag{1}$$

另外，点 L,M,P,Q 分别是点 D,B,P,K 从中心 C 出发的射影，所以

$$(LMPQ) = (DBPK) \tag{2}$$

但是由定理 8,我们有

$$(DBPK) = \frac{1}{(BDPK)}$$

于是,将等式(1) 和(2) 左右两边分别相乘,得到

$$(LMPQ)^2 = 1 \tag{3}$$

由于在给定的情况下,$(LMPQ) = 1$ 不可能成立(见 §5),所以由式(3),我们有

$$(LMPQ) = -1 \tag{4}$$

与对角线 LM 相交于点 L,M,P,Q 的四条直线,即完全四边形 $ABCD$ 的两条边和两条对角线都经过点 K;根据定理 6,由等式(4) 推出,这四条直线形成调和组

$$(KL,KM,BD,AC) = -1$$

这样,我们就证明了定理.

定理 13　完全四边形的对角线的、只有一条边经过的点偶将同一对角线的、有两条边经过的点偶分割成调和点偶.

这样,对于完全四边形 $ABCD$ 的对角线 LM(图 16),P,Q 是第一点偶,L,M 是第二点偶. 由等式(4) 即可推出定理的正确性.

§8　圆锥曲线

设相交于点 S 的直线 l 和 m 所成的角不是直角. 直线 m 绕定直线 l 旋转形成一个无穷大的曲面,这个曲面就是由共同顶点 S 连接的两个空心圆锥 K.

用任何平面 α 截圆锥 K 得到的曲线 q 称为圆锥曲线. 如果认为平面 α 不经过圆锥 K 的顶点 S,那么我们区分以下三种情况:

(1) 平面 α 与一个空心圆锥的所有母线相交. 此时,q 是一条椭圆形的封闭曲线,即椭圆(图 17). 当 $\alpha \perp l$ 时,得到椭圆的特殊情况圆.

(2) 平面 α 平行于一条母线. 此时,q 是一条非封闭曲线,即抛物线(图 18).

(3) 平面 α 截到两个空心圆锥. 此时,q 是由两个无穷分支组成的非封闭曲线,即双曲线(图 19).

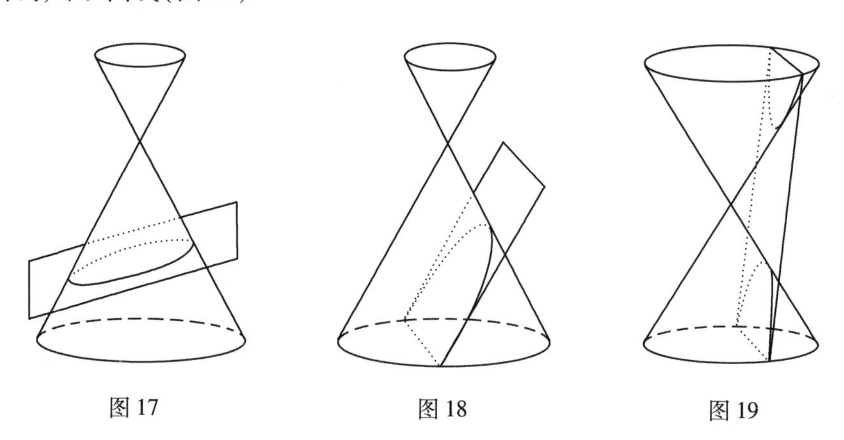

图 17　　　　图 18　　　　图 19

我们注意到,将一点以及两条直线也看作经过顶点 S 的平面截圆锥 K 得到的圆锥曲线. 如果 S 是无穷远点,即圆锥退化为一个圆柱,那么这两条直线平行. 但是,我们规定,在下面采用术语"圆锥曲线"时,指的仅仅是以下曲线:椭圆,抛物线和双曲线.

设圆 χ 是用垂直于圆锥的轴 l 的平面 β 截圆锥 K 得到的截线(当然不经

过点 S). 如果从圆锥 K 的顶点 S 将圆 χ 射影到平面 α,那么它的射影将是圆锥曲线 q. 由此推得,圆的所有射影性质都可迁移到每一条圆锥曲线上.

我们在证明确认圆锥曲线的射影性质的定理时,要用到这一点:我们将对圆的情况进行证明,由此自然推出对于任何圆锥曲线相应的定理的正确性.

§9　圆锥曲线的极性质

我们经过位于圆锥曲线 q 所在平面内的，但不在 q 上的点 P 作直线 l. 设直线 l 交圆锥曲线 q 于点 M 和 N. 用 Q 表示点 $M,N;P$ 的第四调和点. 如果直线 l 绕给定圆锥曲线所在平面内的点 P 旋转，那么点 Q 描绘的曲线 π 称为点 P 关于圆锥曲线 q 的极线. 此时点 P 称为曲线 π 的极点.

我们称过圆锥曲线 q 上的点所作的圆锥曲线 q 的切线为这点的极线.

类似地，定义点关于由两条相交直线或两条平行直线组成的图形的极线. 如果点在其中一条直线上，那么这条直线称为它的极线. 两条直线的交点关于这两条直线的极线是不确定的.

从极线的定义推得圆心关于这个圆的极线是无穷远直线.

定理 14　点关于圆的极线垂直于联结该点和圆心的直线（这里我们认为，给定的点不同于圆心）.

证明　如果给定的点位于已知圆 χ 上，那么定理显然成立. 下面我们考虑给定的点不在圆 χ 上的情形.

作直线 PK，这里点 K 是圆 χ 的圆心. 设该直线交圆 χ 于点 A 和 B. 用点 Q 表示点 P 关于圆 χ 的对称点. 设经过点 P，并交圆 χ 于点 M 和 N 的直线 l 不同于直线 PK.

以线段 MN 为直径作圆 μ. 再作经过点 P 和 Q，且圆心在 l 上的圆 ν. 圆 ν 和圆 μ 正交，因为圆 μ 经过关于圆 χ 对称的两个不同的点（定理 1），所以它也与圆 μ 正交，因为圆 ν 的圆心在圆 χ 和圆 μ 的根轴上（定理 4）. 于是圆 ν 与圆 μ 的直径 MN 及其延长线的交点 R 和 P 关于圆 ν 对称（定理 2）.

圆 ν 的直径所对的 $\angle PQR$ 是直角，于是，点 R 位于经过点 Q，且与 PK 垂直的直线上.

对圆χ和圆μ用定理11,我们确认点Q和点R在点P关于圆χ的极线π上. 因此,π是经过点Q的PK的垂线,这就是要证明的.

上面讲述的内容当点P位于圆χ的外部时就像当点P位于圆χ的内部时那样也成立. 为看清楚些,我们分别画出这两种情况的图(图20和图21). 如果保持确定的字母不变,那么在第一种情况必须认为点P的极线是圆χ的弦,这条弦经过点Q,且垂直于PK,并且其端点是过点P所作的圆χ的切线的切点(与图4比较). 但是,由于下面我们要谈到的内容,在这种情况下,包括提到的弦在内的所有直线也都称为点P的极线.

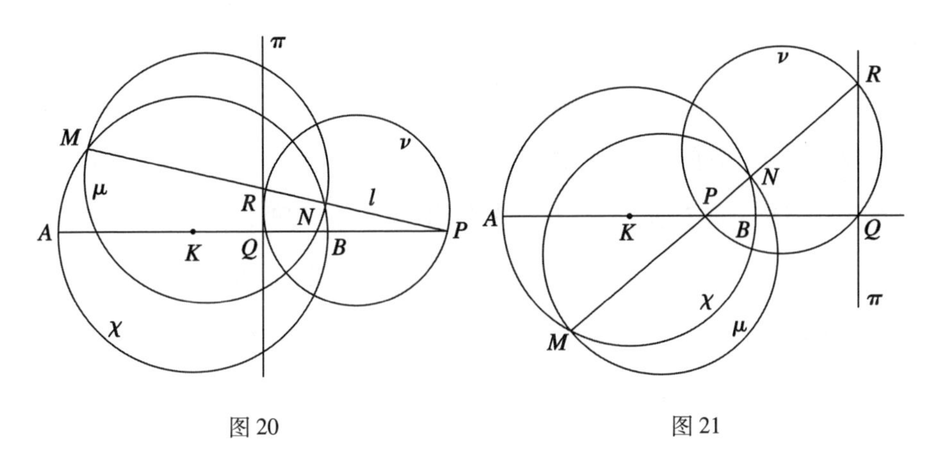

图20　　　　图21

定理14的直接的结果是:

定理15　点关于圆锥曲线的极线是直线.

由前面的论述容易得到以下结论:

如果点P位于圆锥曲线q外,即经过点P可以作与q没有公共点的直线,那么点P的极线与圆锥曲线q相交于过点P所作的q的切线的两个切点.

如果点P位于圆锥曲线q内,那么它的极线与q没有公共点. 如果经过圆锥曲线q上的点A和B作q的切线,那么这两条切线交于直线AB的极点.

定理16　如果点Q在点P关于给定的圆锥曲线的极线上,那么点P在点Q的极线上.

证明　只要确认该定理在给定的圆锥曲线是圆的情况下成立即可，将该圆记为χ，圆心记为K（图22）.

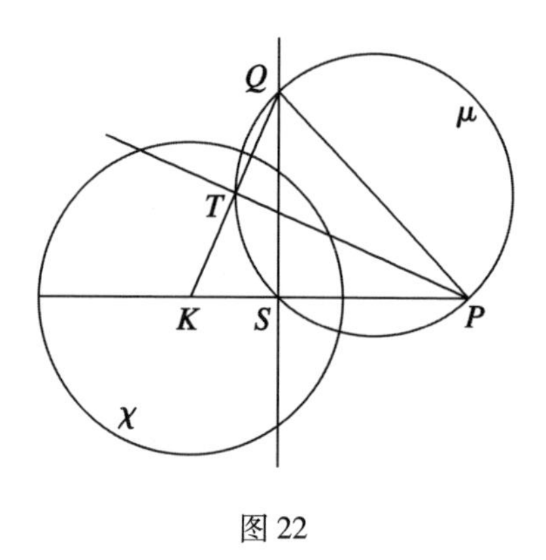

图22

点P关于圆χ的对称点S位于点P的极线上（定理11），$\angle PSQ$为直角.于是以线段PQ为直径的圆μ经过点S，所以圆μ与圆χ正交.设直线KQ与圆μ第二次相交于点T.此时，点T与Q关于圆χ对称（定理2），$\angle PTQ$是直角.由极线的定义和定理4推出，直线PT是点Q关于圆χ的极线.定理证毕.

当点P在圆χ上时，定理也成立，因为圆χ在过点P的切线上的每一点的极线都经过点P.

我们注意到图22中的点P和Q都在圆χ外，从定理16的证明推出，把它们的极线不看作圆χ的弦，而看作无穷远直线是合理的，因为否则必将导致定理16的提法附加一系列条件.

设直线l与半径为r，圆心为O的圆相交于点A和B.设$AC = CB = d$，$OC = h$，这里点C是弦AB的中点.显然$d^2 = r^2 - h^2$.由此得到，如果$h > r$，那么d的值是虚数.我们规定，在这种情况下，直线l也与已知圆相交，但是这两个交点是虚点.引进虚点的概念果然富有成效.特别地，它是可以解释的.所以在点P位于圆ω外的情况下，应该将联结点P向圆ω作的切线的切点的弦的外部也列入点P关于圆ω的极线.

定理17　点关于直线偶的极线是经过已知直线的交点的直线（如果已

知两直线平行,那么极线与这两条直线平行).

证明 设直线 m 和 n 相交于点 O(图 23). 过点 P 作直线 l 与 m 和 n 相交于不同的两点 M 和 N,用点 Q 表示点 $M,N;P$ 的第四调和点. 直线 $m,n;OP$, OQ 形成调和组(定理6). 于是,这些直线与经过点 P,且不同于 OP 的任何直线的交点也形成调和组. 由此推得,直线 OQ 是点 P 的极线. 如果 O 是无穷远点,那么直线 m,n,OQ 平行.

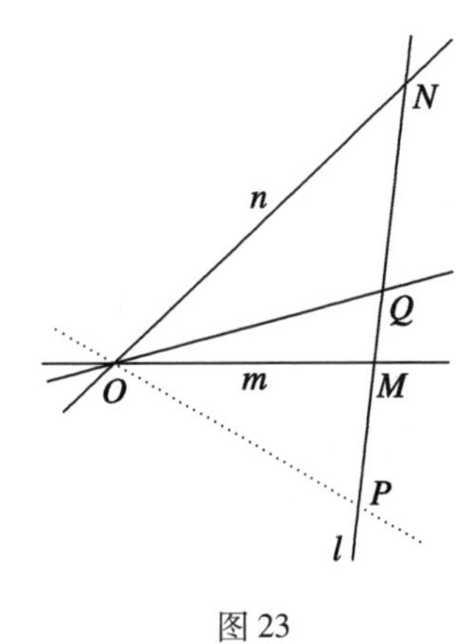

图 23

§10　布里昂雄定理和帕斯卡定理

我们预先作以下说明:如果在过圆χ上的点 A 和 B 的切线上,且在直线 AB 的同侧任意取两条相等的线段 $AA_1 = BB_1$,那么过点 A_1 和 B_1 可以作一个圆与直线 AA_1 和 BB_1 相切(图 24). 这可以由已知图形关于圆χ的垂直于 AB 的直径的对称性推出.

定理 18(布里昂雄(Brianchon)定理)　在圆锥曲线的外切六边形中,联结任意相对的顶点的对角线相交于一点.

证明　显然只要在圆的情况下证明即可.

设六边形 $ABCDEF$ 的边 AB, BC, CD, DE, EF, FA 分别与圆χ相切于点 a, b, c, d, e, f(图 25). 任取线段 MN,并在射线 aB, bB, cD, dD, eF, fF 上分别作线段

$$a\alpha = b\beta = c\gamma = d\delta = e\varepsilon = f\zeta = MN \qquad (1)$$

过点α和δ作与直线$A\alpha$和$E\delta$相切的圆λ,过点ε和β作与直线$E\varepsilon$和$C\beta$相切的圆ν. 由等式(1)推出,这样的作图是可能的.

容易确认,直线 AD, BE 和 CF 分别是圆偶:λ 和 μ,λ 和 ν,μ 和 ν 的根轴. 例如,点 B 和 E 在圆 λ 和 ν 的根轴上,这是因为 $B\alpha = B\beta$ 和 $E\delta = E\varepsilon$($B\alpha = MN - aB, B\beta = MN - bB; E\delta = MN + Ed, E\varepsilon = MN + Ee$).

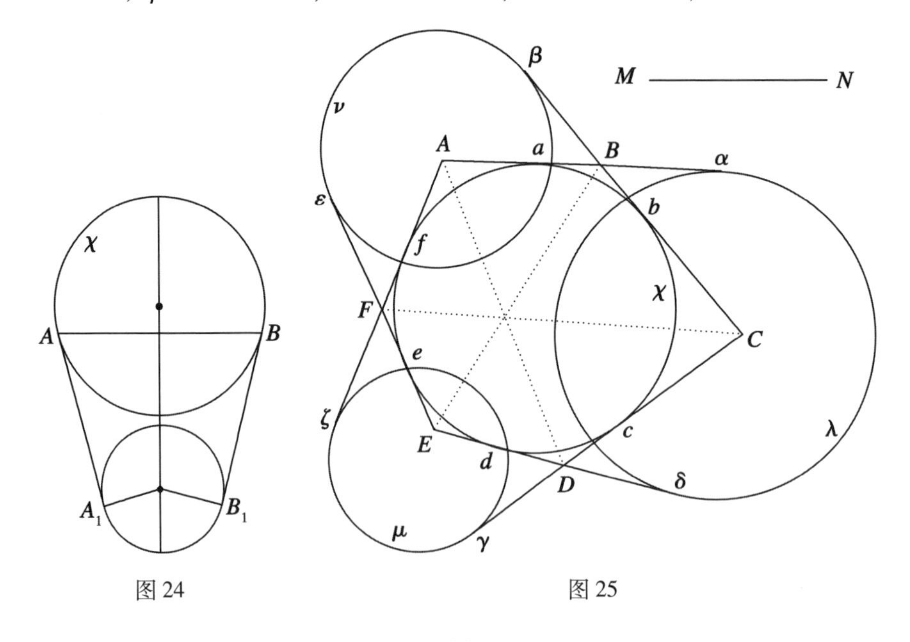

图 24　　　　图 25

于是(见定理5),直线 AD,BE 和 CF 交于同一点,即圆 λ,μ,ν 的根心. 定理证毕.

当六边形 $ABCDEF$ 的两条邻边在同一直线上时,布里昂雄定理也成立. 此时它们的公共顶点将是这条直线与圆 χ 的切点.

例如,现在将圆 χ 的外切四边形 $ACDF$ 看作六边形 $ABCDEF$,其中 B 和 E 分别是边 AC 和 DF 与圆 χ 的切点(图26). 由布里昂雄定理,直线 BE 经过给定的四边形的对角线 AD 和 CF 的交点 S. 我们可以进一步确认,联结 AF 和 CD 与圆 χ 的切点的直线 MN 也经过点 S. 因此,在圆 χ 的外切四边形中,联结对边切点的直线经过对角线的交点.

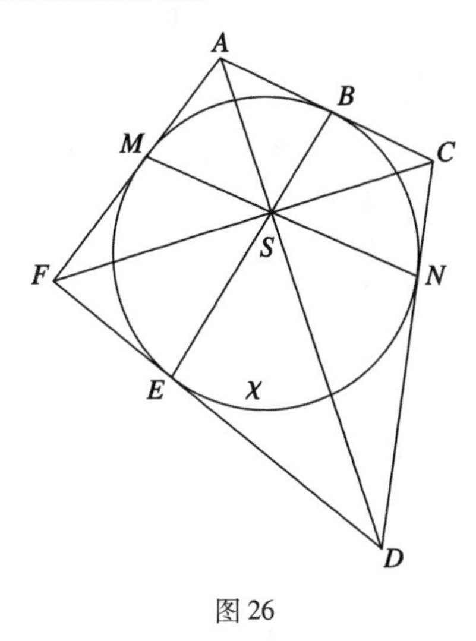

图26

定理19(帕斯卡(Pascal)定理) 在圆锥曲线的内接六边形中,对边的交点在同一直线上[①].

证明 设六边形 $\alpha\beta\gamma\delta\varepsilon\zeta$ 的边 $\alpha\beta$ 和 $\delta\varepsilon$ 相交于点 P,边 $\beta\gamma$ 和 $\varepsilon\zeta$ 相交于点 Q,边 $\gamma\delta$ 和 $\zeta\alpha$ 相交于点 R(图27). 过该六边形的顶点作圆 q 的切线,设这些切线形成的六边形为 $ABCDEF$.

因为点 P 在点 A 的极线 $\alpha\beta$ 上,也在点 D 的极线 $\delta\varepsilon$ 上,所以(定理16)直线 AD 是点 P 的极线. 类似地,可以确认直线 BE 和 CF 分别是点 Q 和点 R 的

① 这一定理是射影几何的基本定理之一,首先是由早年就显露卓越的数学才干的17世纪数学家帕斯卡(1623 - 1662)提出并证明的. 布里昂雄定理进入科学领域要晚得多,大约在帕斯卡定理发现后的150年.

极线.

由布里昂雄定理可知直线 AD, BE 和 CF 经过同一点 S. 由于点 P, Q, R 的极线经过点 S, 所以点 P, Q 和 R 在点 S 的极线上, 即在同一直线上, 这就是要证明的.

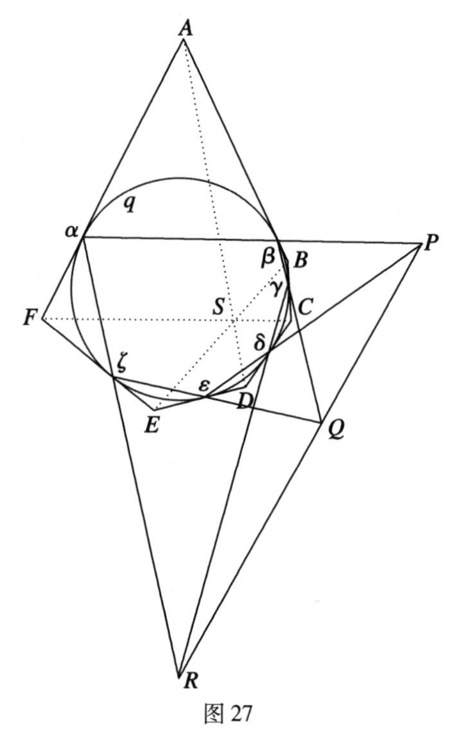

图 27

当圆锥曲线的内接六边形的两个相邻的顶点合为一点时, 帕斯卡定理也成立. 在这种情况下, 应该认为由这两个顶点确定的六边形的边变为圆锥曲线在这一点的切线.

由帕斯卡定理和布里昂雄定理的证明看出, 当满足条件的六边形是星形时, 这两个定理也成立(图 28).

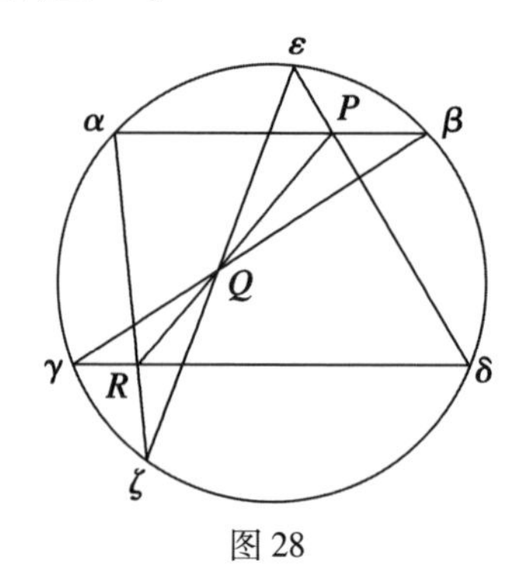

图 28

利用直尺的几何作图

第 2 编

§ 11　用直尺作一些直线图形

问题 1　在直线上给定三个不同的点 A,B,C. 作点 D,与 C 一起与点偶 A,B 形成调和组.

利用完全四边形的调和性质作图的这一想法是显然的. 然而,在我们研究作图的所有阶段都应详尽考虑到所给问题的重要性.

在直线 l 外任意选取点 E,作直线 AE,BE,CE(图 29). 在 AE 上取不同于点 A 和 E 的点 F,作直线 BF 交 CE 于点 G(图 30). 作直线 AG 交 BE 于点 H(图 31). 作直线 FH 交 l 于所求的点 D(图 32).

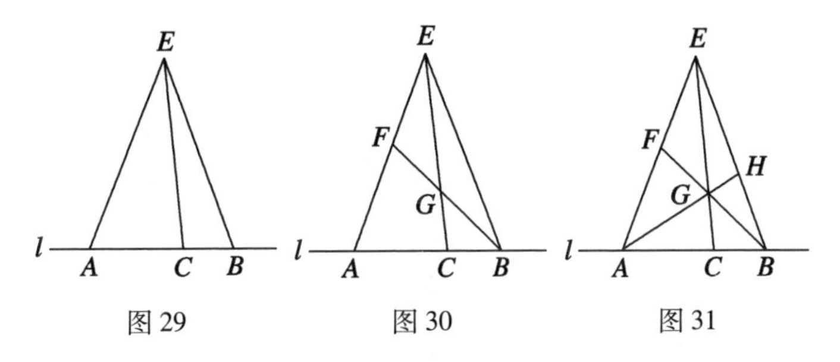

图 29　　图 30　　图 31

实际上,直线 AB 是完全四边形 $EFGH$ 的对角线,所以由定理 13,$(ABCD)=-1$.

在图 33 中,对于点 C 在线段 AB 外的情况,也可以这样作图.

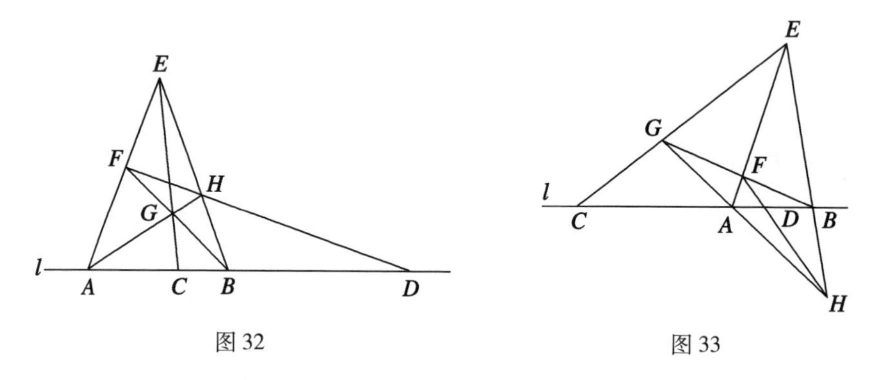

图 32　　　　图 33

问题 2　给定属于同一直线束的三条不同的直线 a,b,c. 作直线 d,与 c 一起和直线偶 a,b 组成调和组.

不经过束心,即不经过给定直线的交点作直线 l. 设直线 l 分别与这三条直线交于点 A,B,C. 作与点 C 一起与点偶 A,B 形成调和组的点(问题 1),作联结该点与束心的直线.

问题 3　作经过已知点 A 和给定直线 a 和 b 的不可到达的交点①的直线.

按照图 34 作图. 可用以下方法证明其正确性. 用 X 表示直线 a 和 b 的不可到达的交点. 直线 a 和 b 是完全四边形 $BDCE$ 的边,XA 和 XF 是对角线,所以 XA 是直线 $a,b;XF$ 的第四调和直线(定理 12). 确切地说,研究完全四边形 $BDGH$ 时,确认 XK 也是直线 $a,b;XF$ 的第四调和直线. 因此,直线 XA 和 XK 重合,于是 AK 是所求的直线.

读者不妨研究点 A 在直线 a,b 之间的区域外的情况.

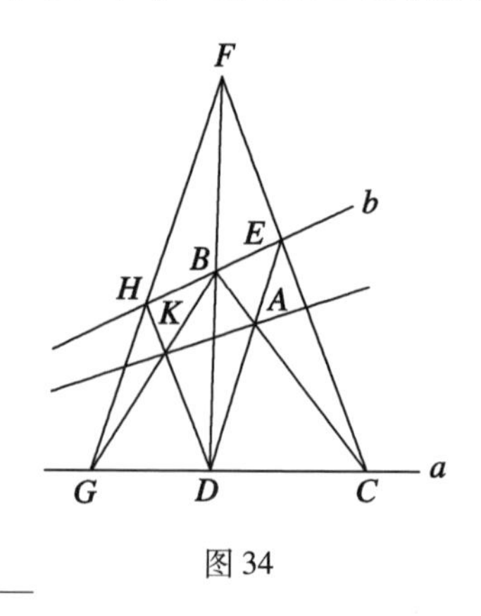

图 34

① 在画出的图形范围外的部分称为图形不可到达的部分.

§12　与圆锥曲线有关的直尺作图

问题 4　给定圆锥曲线 q 和不在 q 上的点 P,作点 P 的极线 π.

在图 35,36 和 37 中,给出了建立在完全四边形的调和性质的基础上的作图的不同变式. 现在研究图 35 的样式. 如果在截线 PA,PC,PE 上取点 K,L,M,满足条件

$$(ABPK)=(CDPL)=(EFPM)=-1 \tag{1}$$

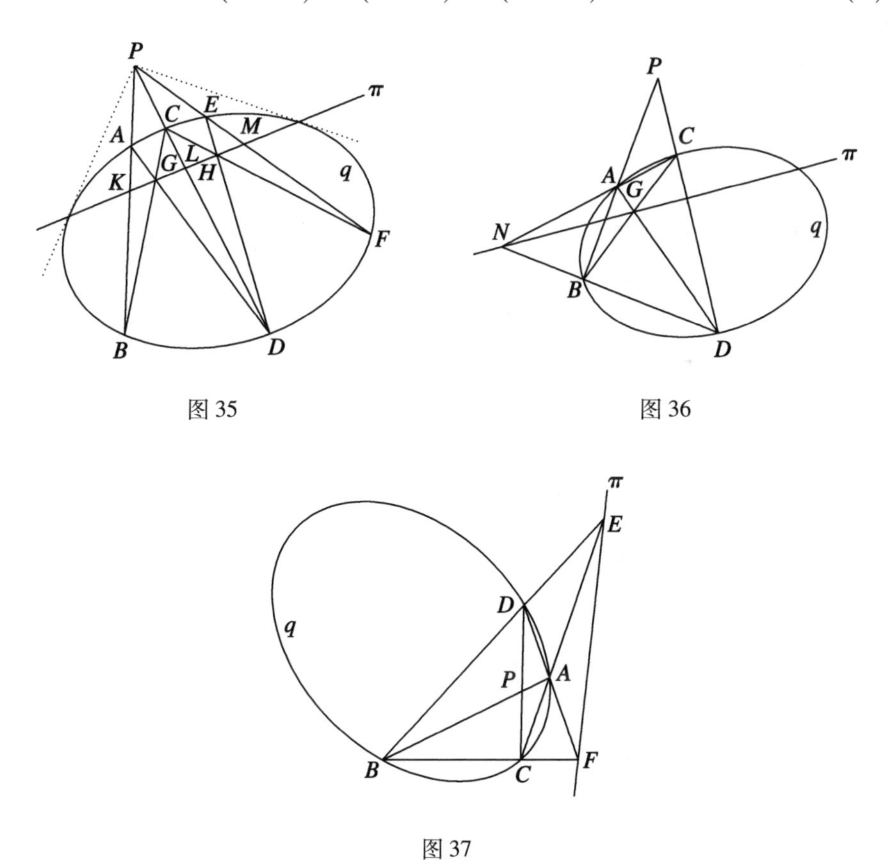

图 35　图 36

图 37

那么由完全四边形 $ABDC$ 和 $CDEF$ 的性质,直线 KL 和 LM 分别是这两个完全四边形的对角线,并且第一条对角线经过点 G,第二条经过点 H. 但是由

等式(1) 推出,点 K,L,M 属于点 P 的极线 π,于是,直线 π 经过点 G 和 H. 实际上,不用作点 K,L,M,我们研究这三个点只是为了证实提出的解法.

所研究的作图可以简化,不作截线 PE,因为完全四边形 $ABDC$ 的对角线 KL 应该经过点 G,也经过 AC 与 BD 的交点(图 36).

图 37 中实施的作图应该这样论证:从上面的作图推出,直线 PE 和 PF(图上没有画出)分别是点 F 和 E 的极线,所以由定理16,点 P 的极线 π 经过点 E 和 F.

问题 5 给定圆锥曲线 q 和不在 q 上的点 P. 过点 P 作曲线 q 的切线.

我们作点 P 的极线 π,用直线联结点 P 与曲线 q 和直线 π 的交点. 在图35中过点 P 向椭圆 q 作的切线用虚线表示.

如果曲线 q 和极线 π 不相交,那么所求的切线不存在.

问题 6 给定圆锥曲线 q 和直线 π. 作该直线的极点 P.

在直线 π 上任取两点 A 和 B. 作点 A 的极线 a 和点 B 的极线 b. 直线 a 和 b 交于所求的点 P(定理 16).

问题 7 过给定的圆锥曲线上的点 P 作该曲线的切线.

过点 P 作任意截线,求出其极点 Q. 直线 PQ 将是所求的切线.

问题 8 给定圆锥曲线 q 上的五点 A,B,C,D,E. 作出曲线 q 上的任意第六点.

将点 A,B,C,D,E 看作曲线 q 的内接帕斯卡六边形的连续的五个顶点(图38). 作直线 AB 和 DE,过它们的交点 P 作任意直线 l. 设直线 BC 和 CD 分别交直线 l 于点 Q 和 R. 作直线 EQ 和 AR,它们的公共点 F 位于圆锥曲线 q 上.

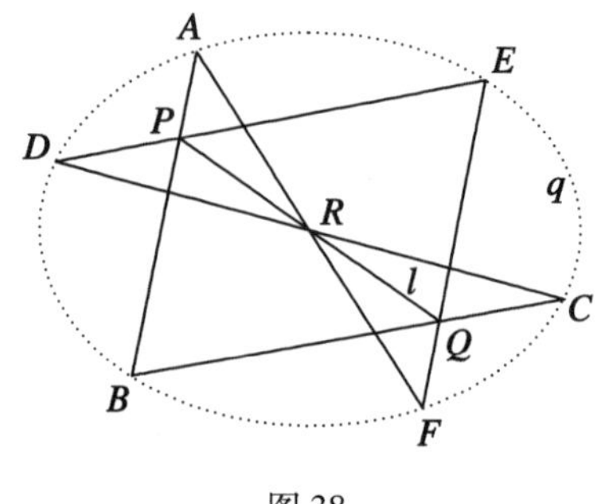

图 38

实际上，六边形$ABCDEF$的对边（AB和DE，BC和EF，CD和FA）的交点都在同一条直线上. 如果直线AR第二次交圆锥曲线q于不同于点F的点F'，那么直线EF'将不经过点Q，这与帕斯卡定理矛盾.

注 如果已知任何直线与给定五点所在的圆锥曲线的一个交点，那么采用上面的方法可以用直尺作出它们的第二个交点. 但是，如果不给出任何交点，那么只利用直尺就不能作出给定直线与由五点所确定的圆锥曲线的交点.

问题9 给定圆锥曲线q上的五点A,B,C,D,E. 过这五点中的任何一点作圆锥曲线q的切线.

我们过点D作圆锥曲线q的切线（图39）. 取直线AB,BC,CD，过点D的圆锥曲线q的切线，DE和EA为内接于圆锥曲线q的六边形的边，求出直线BC和DE的交点P，以及CD和EA的交点Q. 用R表示直线AB和PQ的交点. 直线DR将是所求的切线.

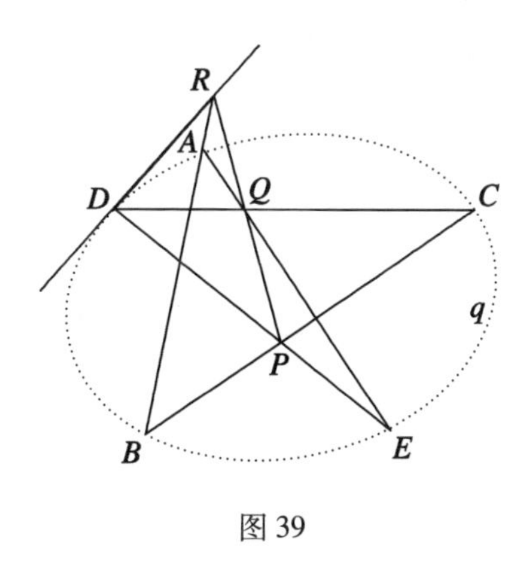

图39

问题10 给定圆锥曲线q上的四点A,B,C,D和圆锥曲线q的过点A的切线a. 作圆锥曲线q上的第五点.

我们取直线a,AB,BC,CD为圆锥曲线q的内接六边形的边，求出直线a和CD的交点P. 过点P作任意直线l，设l交AB于点Q，与BC交于点R（图40）. 直线AR和DQ的公共点位于圆锥曲线q上.

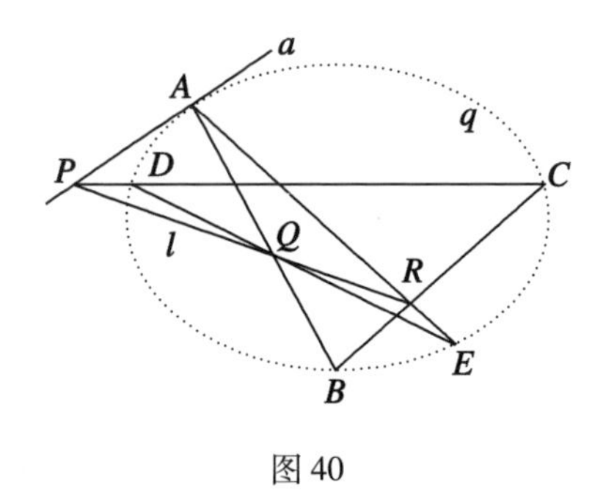

图 40

问题 11　给定圆锥曲线 q 的五条切线 a,b,c,d,e. 作圆锥曲线 q 的第六条切线.

取 a,b,c,d,e 为圆锥曲线 q 的外切六边形的边(图 41). 设直线 a 和 b 相交于点 A,直线 d 和 e 相交于点 D. 作直线 AD,并在 AD 上任取不同于点 A 和 D 的点 K,作直线 BK 和 CK. 设直线 CK 交直线 a 于点 F,直线 BK 交直线 e 于点 E. 直线 EF 将是所求的切线.

实际上,如果过点 F 作圆锥曲线 q 的切线 f,那么得到圆锥曲线 q 的外切六边形 $abcdef$. 由布里昂雄定理,联结该六边形的相对顶点的直线相交于同一点. 这些直线中的两条 AD 和 CF 相交于点 K. 于是切线 f 应该经过位于直线 e 上和直线 BK 上的点 E.

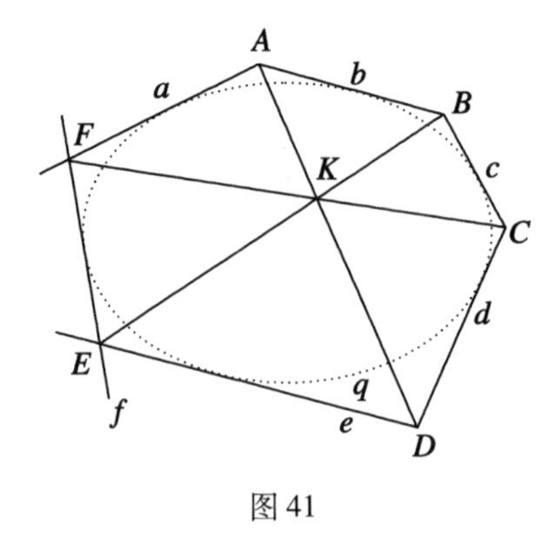

图 41

问题 12　给定圆锥曲线 q 的五条切线 a,b,c,d,e. 作直线 a 切圆锥曲线 q 的切点.

我们已经指出(见 §10),当外切六边形中具有同一顶点的相邻两边变为一条直线时,布里昂雄定理也成立. 在这种情况下,应该将这两条边与给定圆锥曲线的切点作为这两条边的公共点.

作图这样实施(图 42). 当取直线 a,a(a 两次),b,c,d,e 为圆锥曲线 q 的外切六边形的边时,我们有六边形的五个顶点 A,B,C,D,E. 作直线 AD 和 BE;设它们相交于点 K. 作直线 CK,并求它与直线 a 的交点 F. 点 F 将是六边形的第六个顶点,于是,直线 a 与圆锥曲线 q 相切于这一点.

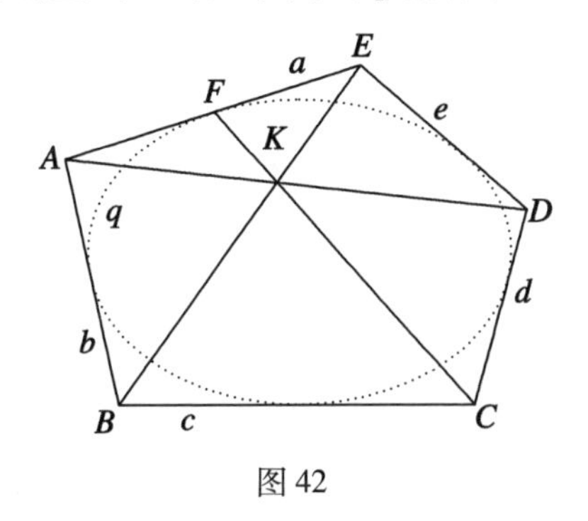

图 42

采用布里昂雄定理和帕斯卡定理,读者可以只用直尺不很困难地解决整理出来的下面七个问题.

1. 给定圆锥曲线 q 上的四点 A,B,C,D 和圆锥曲线 q 的过点 A 的切线 a. 作圆锥曲线 q 的过点 B 的切线.

2. 给定圆锥曲线 q 上的三点 A,B,C,圆锥曲线 q 的过点 A 的切线 a 和圆锥曲线 q 的过点 B 的切线 b. 作圆锥曲线 q 的第四点.

3. 给定圆锥曲线 q 上的三点 A,B,C,圆锥曲线 q 的过点 A 的切线 a 和圆锥曲线 q 的过点 B 的切线 b. 作圆锥曲线 q 的过点 C 的切线.

4. 给定圆锥曲线 q 的四条切线 a,b,c,d 和直线 a 与圆锥曲线 q 的切点 A. 作圆锥曲线 q 的第五条切线.

5. 给定圆锥曲线 q 的四条切线 a,b,c,d 和切线 a 与圆锥曲线 q 的切点 A. 作切线 b 与圆锥曲线 q 的切点.

6. 给定圆锥曲线 q 的三条切线 a,b,c,切线 a 与圆锥曲线 q 的切点 A 和切线 b 与圆锥曲线 q 的切点 B. 作圆锥曲线 q 的第四条切线.

7. 给定圆锥曲线 q 的三条切线 a,b,c,切线 a 与圆锥曲线 q 的切点 A 和切线 b 与圆锥曲线 q 的切点 B. 作直线 c 与圆锥曲线 q 的切点.

§ 13 给定两条平行直线用直尺作图

在进一步研究作图题时，我们经常要用到以下定理：

定理 20 经过梯形对角线的交点和不平行的两边的延长线的交点的直线平分梯形的平行的两边.

这一定理可以根据完全四边形 $CDEF$ 的调和性质证明(图 43). 因为点 $A,B;K$ 的第四调和点是无穷远点，所以 $AK = KB$.

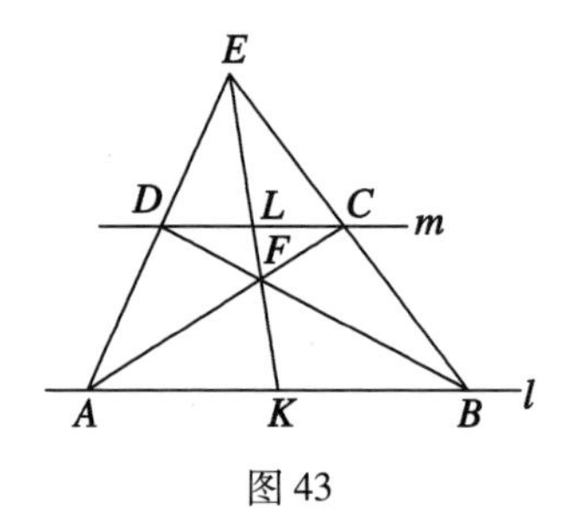

图 43

也可以用完全初等的方法证明：我们有 $\triangle AKE$ 和 $\triangle DLE$，$\triangle KBE$ 和 $\triangle LCE$，$\triangle AKF$ 和 $\triangle CLF$，$\triangle KBF$ 和 $\triangle DLF$ 这四对相似三角形. 由此推得

$$\frac{AK}{DL} = \frac{KE}{LE}, \frac{KB}{LC} = \frac{KE}{LE}$$

和

$$\frac{AK}{LC} = \frac{KF}{FL}, \frac{KB}{DL} = \frac{KF}{FL}$$

由这两个关系式推出

$$\frac{AK}{KB} = \frac{DL}{LC}, \frac{AK}{KB} = \frac{LC}{DL}$$

将最后两式相乘得到

$$\left(\frac{AK}{KB}\right)^2 = 1$$

于是，$AK = KB$.

问题 13 给定线段 AB 和 AB 的中点 K. 过已知点 D 作直线平行于 AB.

作直线 AD, BD, BE 和 KE，其中 E 是射线 AD 上任意一点（见图43）. 用 F 表示直线 BD 和 KE 的交点. 作直线 AF，它交 BE 于某一点 C. 作直线 CD，它平行于 AB.

问题 14 直线 l 和 m 平行. 平分直线 l 上的线段 AB.

不在直线 l 上也不在直线 m 上任意取一点 E（见图43），作直线 AE 和 BE. 设这两条直线分别交直线 m 于点 D 和 C. 作直线 AC 和 BD，用 F 表示它们的交点. 直线 EF 经过 AB 的中点.

问题 15 经过给定平行直线 l 和 m 外的点 A，作直线平行于给定直线.

我们平分直线 l 上的任意线段（问题14），并经过点 A 作平行于直线 m 的直线（问题 13）.

问题 16 给定两条平行直线 l 和 m，以及直线 l 上的线段 AB. 将线段 AB 增加到 n 倍（n 是整数）.

过不在直线 l 和 m 上的任意一点 K（图44）作直线 p 平行于已知直线（问题15）. 作直线 AK 和 BK，设它们分别交直线 m 于点 A' 和 B'. 作直线 BA' 交直线 p 于点 L，作直线 LB' 交直线 l 于点 C. 此时 $AB = BC$. 继续作图得到线段 CD, DE，等等，其中每一条线段都等于 AB.

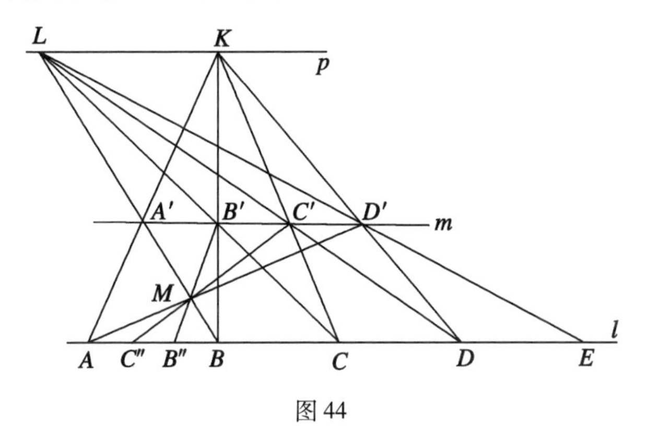

图 44

问题 17 给定两条平行直线 l 和 m，线段 AB 和点 C 都在直线 l 上. 在直线 l 上作线段 CD 等于线段 AB.

过直线 l 和 m 外的任意点 K（图 44）作直线平行于给定的直线. 从图 45 显然可看出进一步的作法. 问题有两个解（线段 CD 和 CD'）.

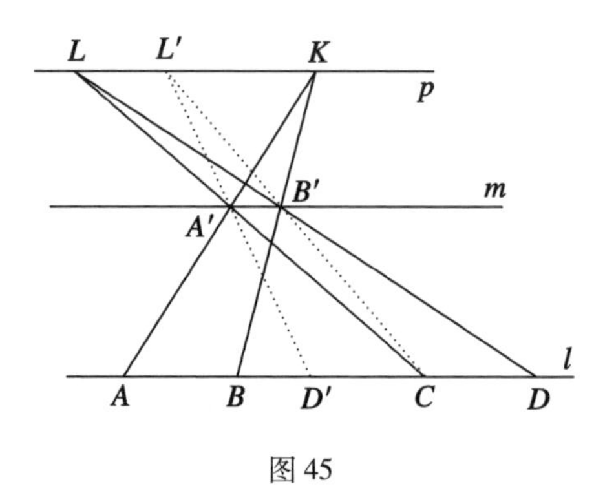

图 45

问题 18　给定两条平行直线 l 和 m 以及 l 上的线段 AB. 将线段 AB 分成 n 等份.

设要求将线段 AB 分成 3 等份(见图 44). 如果我们将线段 AB 增加到 3 倍,这在问题 16 中已经做到,那么在直线 m 上得到相等的线段 $A'B'$,$B'C'$,$C'D'$. 再作直线 AD',BA',用 M 表示它们的交点. 最后作直线 $B'M$ 和 $C'M$,它们将线段 AB 分成 3 等份.

问题 19　给定两条平行直线 l 和 m 以及 l 上的线段 AB. 作线段 AB 的 $\frac{1}{n}$(n 是整数).

根据问题的条件,只要作一条线段等于 $AB \cdot \frac{1}{n}$,此时与上面的问题一样应该作 n 条这样的线段.

我们采用布里昂雄给出的这一问题的漂亮解法.

经过直线 l 和 m 外的任意一点 K 作直线 AK 和 BK(图 46),设它们交直线 m 于点 α 和 β. 作直线 $A\beta$ 和 $B\alpha$(相交于点 γ),作直线 $K\gamma$(交直线 l 于点 C),αC(交直线 $A\beta$ 于点 δ),$K\delta$(交直线 l 于点 D). 我们来证明,$AD = \frac{1}{3}AB$.

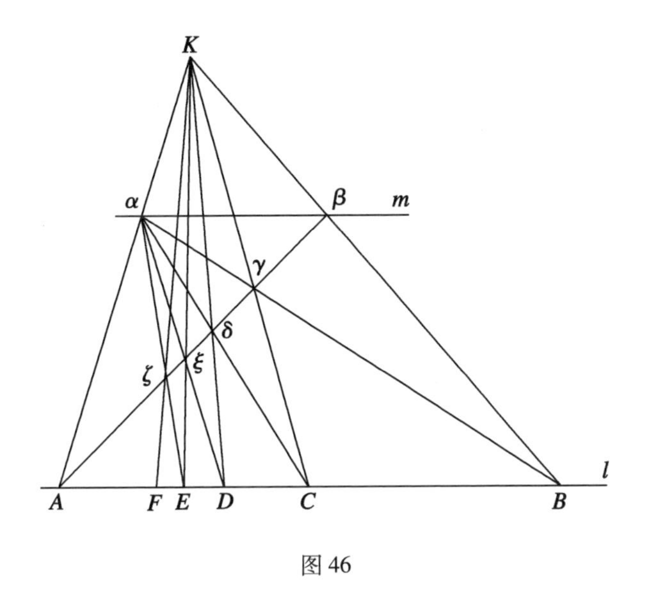

图 46

现在研究完全四边形 $\alpha\beta\gamma K$,推出结论 $A,C;D,B$ 成调和组. 于是

$$AD:DC=AB:CB$$

但是,$AB=2BC$(见问题 14),所以由上面的等式,我们有 $AD=2DC$. 于是,$AD=\frac{1}{3}AB$.

如果再作直线 αD(交直线 $A\beta$ 于点 ξ) 和 $K\xi$(交直线 l 于点 E),那么我们得到线段 $AE=\frac{1}{4}AB$.

再作直线 αE(交直线 $A\beta$ 于点 ζ) 和 $K\zeta$(交直线 l 于点 F),得到线段 $AF=\frac{1}{5}AB$.

为了证明最后两个等式,只要注意点 $A,D;E,B$ 成调和组,$A,E;F,B$ 也成调和组即可.

继续作图,我们将得到线段 AB 的六分之一,七分之一,等等.

§ 14　给定平行四边形或正方形用直尺作图

利用平行四边形可以解决以下问题：

问题 20　经过已知点作直线平行于已知直线 l.

经过平行四边形的对角线的交点作直线平行于平行四边形的一条边. 此时在已知直线 l 上形成两条相等的线段 EF 和 FG（图 47），因此，归结为问题 13. $l \parallel BC$ 和 $l \parallel AB$ 的情况归结为问题 15.

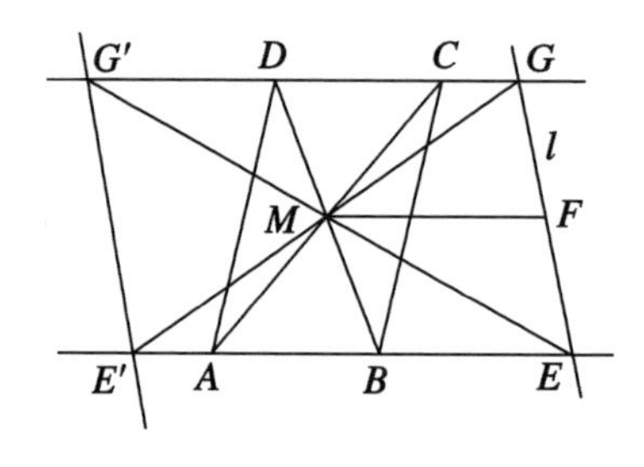

图 47

第二种作法是作点 G'（直线 CD 与 EM 的交点）和 E'（直线 AB 与 GM 的交点）. 直线 $E'G'$ 平行于直线 l，于是，我们重新回到问题 15.

除了问题 14 – 20，利用正方形还可以解决下面两个问题.

问题 21　经过已知点 K 作直线垂直于已知直线 l.

设给定的正方形为 $ABCD$（图 48）. 作正方形 $ABCD$ 的对角线，并经过对角线的交点 M 作直线 EF 平行于直线 l（问题20）. 再作 $FG \parallel AB$ 和 $GH \parallel AC$.

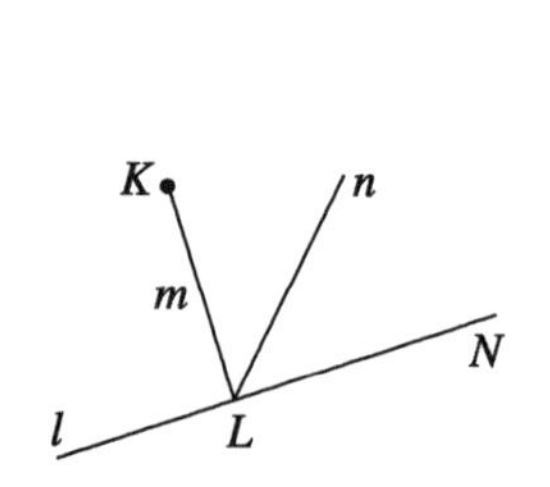

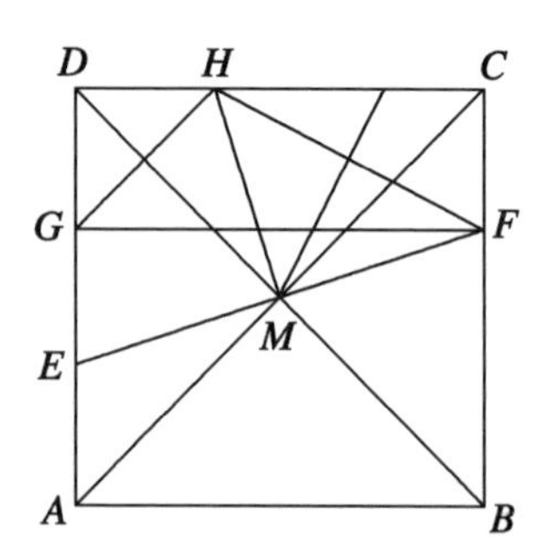

图 48

容易证明 $HM \perp EF$. 实际上,从作图推出,$CF = DG = DH$,更有 $MD = MC$,$\angle MDH = \angle MCF = 45°$. 于是,$\triangle MDH \cong \triangle MCF$. 由此推出 $\angle HMF = \angle HMC + \angle CMF = \angle HMC + \angle HMD = \angle DMC = 90°$.

这表明为解决问题,应该过点 K 作直线 m 平行于直线 HM. 该直线就是所求的垂线.

问题 22　平分给定的直角.

设要平分的直角是 $\angle KLN$(图 48). 由于给定直角的边平行于 $\angle FMH$ 的边(见上一个问题),所以要解决这一问题只要经过 $\angle KLN$ 的顶点作直线平行于 $\angle FMH$ 的平分线. 容易证明,它垂直于直线 FH. 实际上,$\triangle FMH$ 是等腰三角形,因为 $\triangle MDH \cong \triangle MCF$,所以 $MF = MH$.

于是,经过点 L,且垂直于直线 FH 的直线 n 将是所求的 $\angle KLN$ 的角平分线(问题 21).

§ 15　给定圆和圆心用直尺作图

如果作图题用直尺和圆规可解，那么众所周知，它的代数解法可以归结为作一个或若干个一次或二次代数方程的根. 与此有关的问题称为二次问题.

值得注意的是以下事实：如果在平面内画一个圆，并标出圆心，那么每一个二次作图问题都可以只用直尺解决①. 为了证明这一事实，只要确认利用这一工具可以找到给定半径和圆心的圆与直线的交点，以及用类似的方法也可找到两个圆的交点. 实际上，在作图题中圆规只是用来实施这两种操作的工具②. 相应的作图将在问题 30 和问题 31 中研究. 但是在很多情况下，采用更为简单的方法解题，不用圆规也可以. 所以我们一开始就研究一些基本的作图问题，实际上给出方便的解题方法.

我们将认为，本节中的每一道题在平面内的作图都依赖于辅助圆，并作出其圆心 K.

问题 23　作正方形.

我们作圆 χ 的直径 AB（图 49），作弦 $A'B'$ 平行于 AB（问题 13）. 经过 AA' 与 $B'B$ 的交点 C 作直线 CK，它交圆 χ 于点 D 和 E. 四边形 $ADBE$ 就是正方形.

---

① 法国数学家彭色列（Poncelet，1789 – 1867）和德国数学家斯坦纳（Steiner，1796 – 1863）分别首先确立了这一事实.

彭色列是拿破仑军队的年轻军官，1812 年参加了对俄罗斯的远征，他被俘后在沙拉托夫关了两年，在那里他从事了关于射影几何的研究.

斯坦纳是瑞典农民的儿子. 他到十九岁时还几乎不会写字，后来进入了著名的师范学校. 在他生命的第三十九个年头当选柏林科学院院士.

② 用直尺不能画圆，但是，如果已知圆上的五点就可以作出圆上任何一点（问题 8），也可见后面的问题 29.

由此得出结论,如果画出圆,并作出其圆心,那么 §13 和 §14 中的所有问题就都可以用直尺解决.

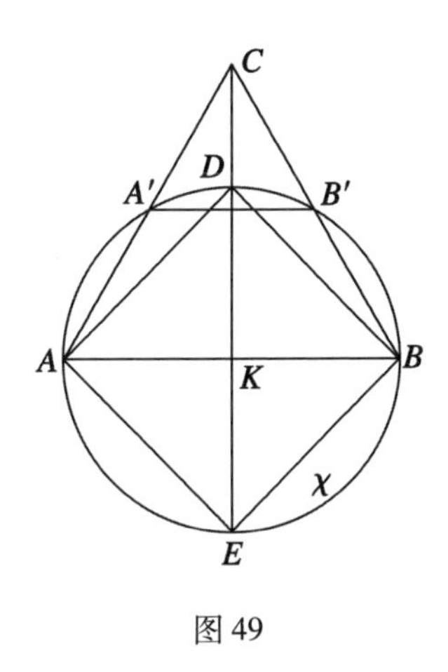

图 49

问题 24　过给定的点作直线平行于给定的直线 l.

如果直线 l 经过点 K,那么我们有问题13. 如果直线 l 不经过点 K,那么我们首先应该作平行于直线 l 的任意直线,结果归结为问题 15. 由图 50 显然可得到作法,直线 GH 平行于 l.

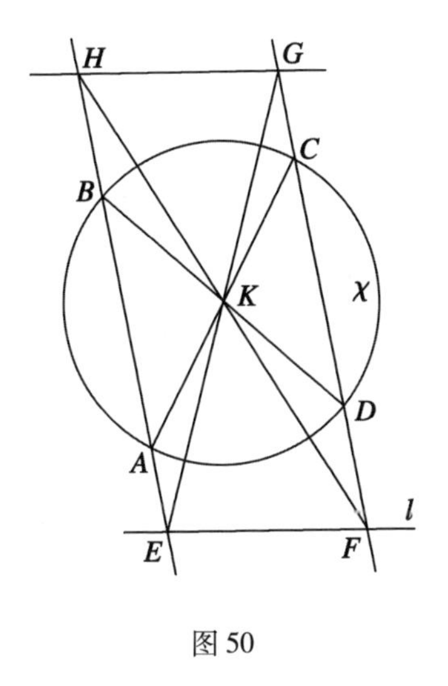

图 50

问题 25　过给定的点作直线垂直于给定的直线 l.

如果直线l交圆χ于点A和点B,但是不经过圆心,那么作圆χ的直径AC,直线CB垂直于l(图51).然后过已知点作直线平行于CB.

在另一种情况下我们采用同一种方法,但是要预先作直线平行于直线l,交圆χ于不在一条直径上的两点.

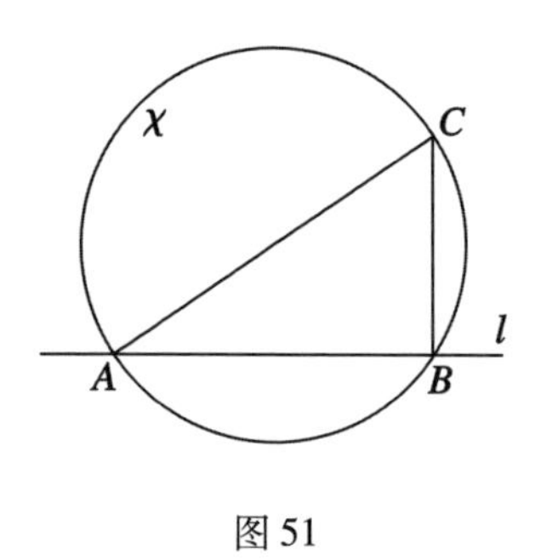

图51

问题26 经过已知点P作直线与已知直线l成已知角$\angle MON = \alpha$.

按照图52作图,其中$KA \parallel OM$,$KB \parallel ON$,$KC \parallel l$,$AD \parallel BC$,$BE \parallel AC$,$PD' \parallel KD$,$PE' \parallel KE$.

如果α是锐角或钝角,那么问题有两个解.

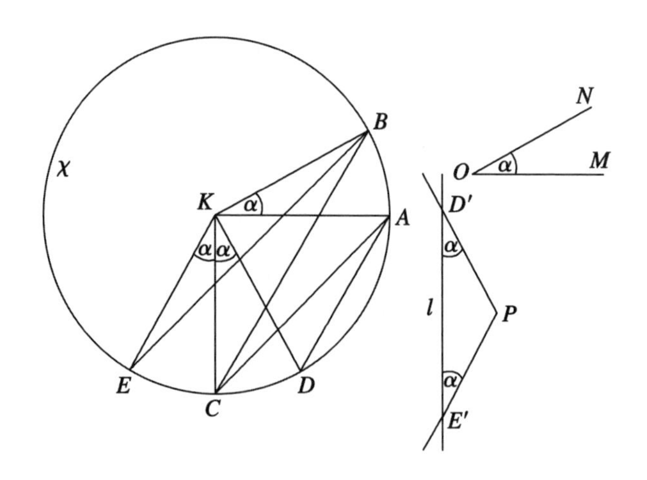

图52

问题27 作已知角$\angle MON = \alpha$的两倍.

作圆χ的平行于直线 OM 的直径 AB. 再作平行于直线 ON 的弦 AC(图53). 此时 $\angle BKC = 2\alpha$,所求的角 $\angle MOR$ 的边 OR 平行于直线 KC.

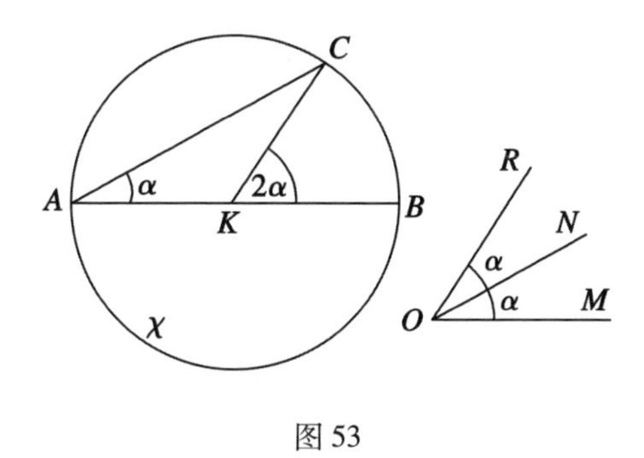

图 53

问题 28　作已知角 $\angle MON = \alpha$ 的平分线.

根据图 54 作图,其中 $AB \mathbin{/\!/} OM$,$KC \mathbin{/\!/} ON$,$OR \mathbin{/\!/} AC$.

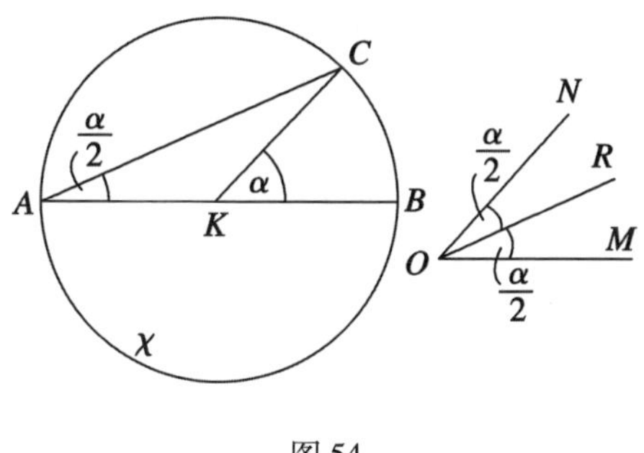

图 54

问题 29　给定已知线段 AB 和顶点为 C 的射线 h,在射线 h 上作线段 CD 等于 AB.

作平行四边形 $KABH$,作平行于 h 的射线 KF(图55). 设射线 KH,KF 和圆 χ 相交于点 E 和 F. 作直线 EF 和 $HL \mathbin{/\!/} EF$,直至与射线 KF 交于点 L. 作平行四边形 $CKLD$. 线段 CD 就是所求的线段.

如果点 K,A,B 或者点 K 和射线 h 在同一直线上,那么作图可以简化.

如果已知圆的圆心和半径,那么这一作图可以在经过圆心的直线上找到圆上的点.

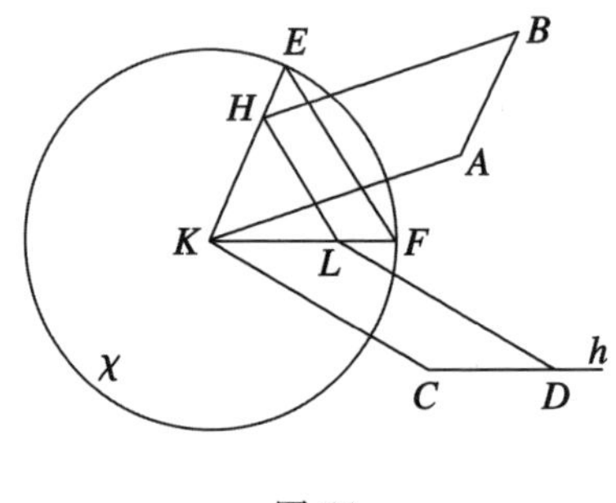

图 55

问题30 给出圆μ的圆心和半径,但是圆μ没有画出,作已知直线l与圆μ的交点.

作平行于直线MN的圆χ的半径KL(图56).作直线KM和LN,求出它们的交点A,这是圆χ和圆μ的相似中心(在图中作出的是外相似中心).

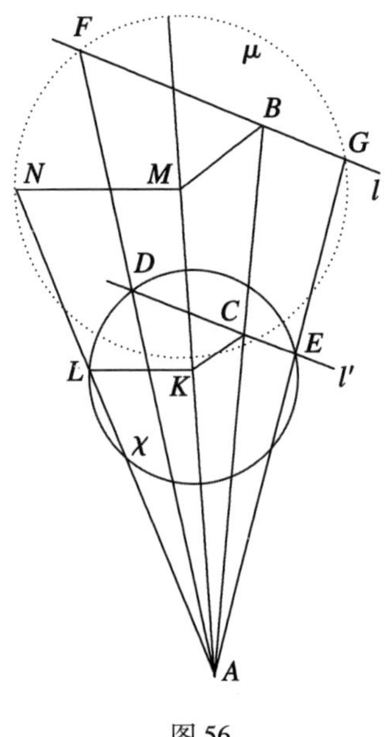

图 56

将圆μ变为圆χ的变换是以A为中心的相似变换,如果我们将这一变换用于一个给定的图形,那么我们将找出直线l变换后的直线l'.为此我们在l上任取一点B,作线段BA和BM,过点K作直线$KC \parallel MB$直到与AB相交于点C,过点C作$l' \parallel l$.设直线l'交圆χ于点D和E.直线AD和AE交直线l于

所求的点 F 和 G.

如果点 D 和 E 重合,那么直线 l 与圆 μ 相切. 如果 l' 与圆 χ 没有公共点,那么直线 l 与圆 μ 没有公共点.

如果点 A 是无穷远点,那么不应取圆 χ 和圆 μ 的外相似中心,而应该取内相似中心. 在圆 χ 和圆 μ 是同心圆的情况下,怎样改变作图?

问题 31　给出圆 μ 和圆 ν 的圆心 M 和 N,以及它们的半径,作这两个圆的交点.

我们从作这两个圆的根轴开始. 设点 A 是圆 μ 上任意一点,点 B 是圆 ν 上任意一点,并且 A,B 两点中至少有一点不在直线 MN 上(图 57).

作线段 AB,找出它的中点 C,作直线 MN,MC,NC,$AD \perp CM$,$BE \perp CN$. 设直线 AD 和 BE 相交于点 F,作 $FG \perp MN$. 直线 FG 是圆 μ 和圆 ν 的根轴. 实际上,以线段 AB 为直径作圆 γ,我们注意到,点 F 是圆 μ,ν 和 γ 的根心. 于是,它在圆 μ 和圆 ν 的根轴上.

因为相交两圆的根轴经过它们的交点,所以给定的问题归结为前面求圆(μ 或 ν) 与直线(FG) 的交点.

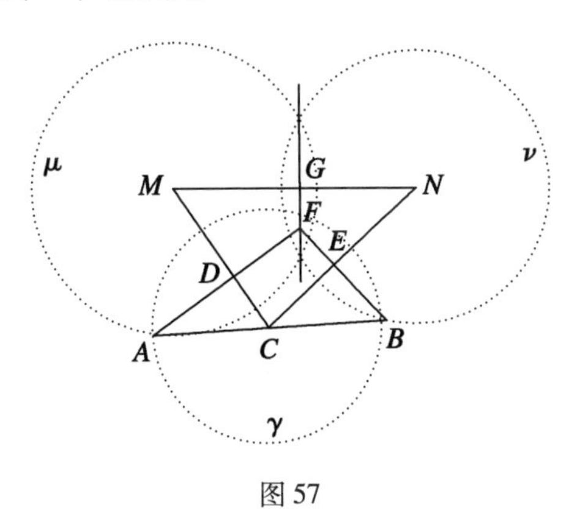

图 57

§ 16　给定圆的圆心和该圆的一段弧用直尺作图

设在平面 α 内给定直线 π(称为平面 α 的基线)和不在直线 π 上的点 P(称为基点). 现在研究用以下方式对平面 α 的变换. 点 P 和直线 π 上的每一个点都变为本身. 平面 α 内任何其他点 M 变换为点 $P,Q;M$ 的第四调和点 N, 其中 Q 是直线 π 和 PM 的交点(图 58). 由此直接推出,点 N 变为点 M,即点 M 和 N 互换位置. 实际上,根据定理 8,由等式 $(PQMN)=-1$,得到 $(PQNM)=-1$. 于是,点 M 是点 $P,Q;N$ 的第四调和点.

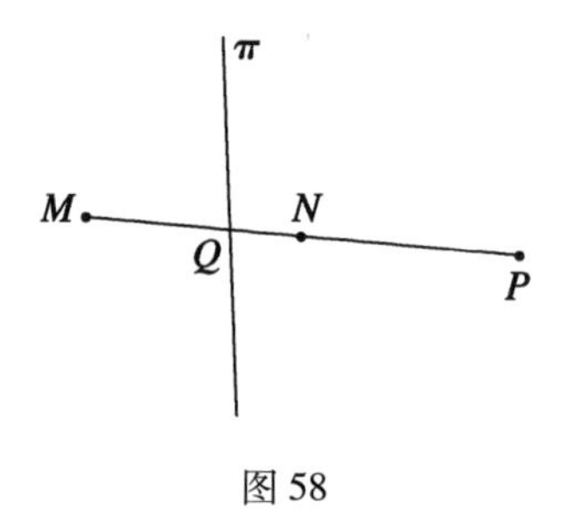

图 58

上面研究的变换称为平面的调和变换. 下面我们将指出调和变换的一些性质.

容易看出,经过点 P 的直线变为本身. 此外,不经过点 P 的直线变为直线 n,直线 n 可以这样作出:如果直线 m 和直线 π 相交于点 S,直线 m 上不同于点 S 的点 M 变为点 N,那么直线 n 经过点 S 和 N(图 59). 实际上,由定理 6,直线 m 上的任意点 M' 变为直线 PM' 和 SN 的交点.

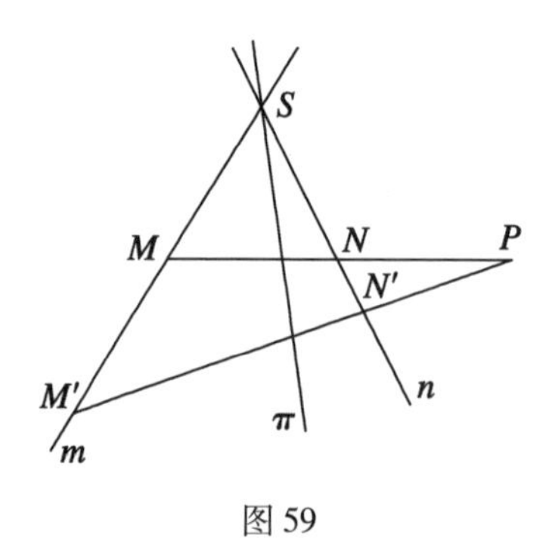

图 59

如果 S 是无穷远点,那么 $n \parallel m \parallel \pi$.

如果 m 是无穷远直线,那么直线 n 平分联结点 P 和直线 π 上的点的线段.

如果 P 是直线 π 关于圆锥曲线 q 的极点,那么 q 变为其本身,并且圆锥曲线 q 与经过点 P 的直线的两个交点互换位置. 这一事实是圆锥曲线 q 的极性质的结果(见 §9).

问题 32 已画好圆 χ 的弧 AB 和圆心 K. 作圆 χ 和已知直线 m 的交点.

首先注意到经过圆 χ 的已知的或者所作的点 H(在弧 AB 上或弧 AB 外)可以只利用直尺作圆 χ 的切线(问题7). 如果经过点 H 可作任何直线,那么就可以作出这条直线与圆 χ 的第二个交点(问题 8). 实际上,圆 χ 是圆锥曲线,只要解决所指出的问题的需要,在圆 χ 上要取多少点就可以取多少点.

现在着手解决本题.

作直线 AB,并作它关于圆 χ 的极点 P,圆 χ 的过点 P 的切线的切点就是点 A 和 B(图60). 我们将认为,直线 m 与已知弧 AB 没有公共点,并交直线 AB 于点 S.

在直线 m 上任取不同于点 S 的点 M,并作直线 PM,设它交直线 AB 于点 Q. 作点 $P,Q;M$ 的第四调和点 N 和直线 SN. 设该直线交已知弧 AB 于点 C 和 D,而直线 PC 和 PD 分别交直线 m 于点 E 和 F. 这两点就是所示的圆 χ 和直线 m 的交点.

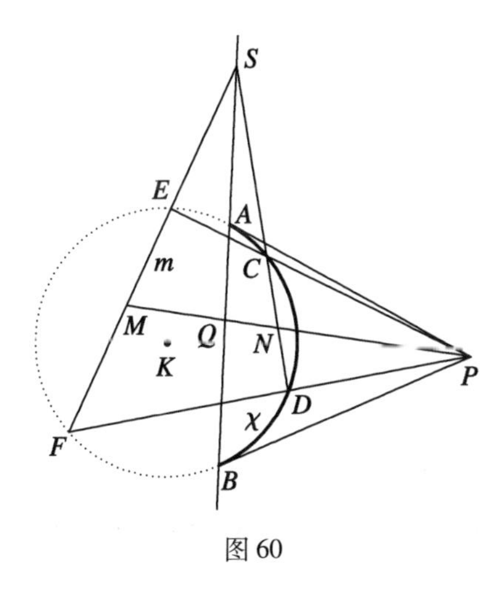

图 60

实际上,取点 P 和直线 AB 为基点和基线,并将调和变换用于所作的图形,我们注意到圆χ 变为其本身,而直线 m 和 SN 互换位置. 于是,它们和圆χ的交点也互换位置.

问题32的研究让我们得出结论,如果在平面内画了某个圆χ的圆心和一段弧,每一个二次作图题都可以用直尺解决,因为在这种情况下,只利用直尺就可以找到圆χ 和任意与它相交的直线的交点,于是,可完成 §15 中的所有作图. 意大利数学家塞维利(Severi) 和苏联数学家波尔朵夫斯基(Д. Д. Модухай Болтовский)[1] 首先独立得出这一结论.

---

① 波尔朵夫斯基(1876 - 1952) 因其在几何与数学史领域的研究而著称. 他开创了对罗巴切夫斯基(Lobachevsky) 空间几何作图理论体系的探讨.

§17 用直尺作属于给定圆束的圆的点

先研究两个辅助命题.

定理 21 如果直线 PK(K 是圆 χ 的圆心) 交点 P 关于圆 χ 的极线 π 于点 P',那么点 P 和 P' 关于圆 χ 对称.

证明 用 M 和 N 表示直线 PK 与圆 χ 的交点,并作点 P 关于圆 χ 的对称点 Q. 由定理 11 推得,点 $P,Q;M,N$ 形成调和组. 但是,由极线的定义,点 P, $P';M,N$ 也形成调和组. 于是,点 P' 和 Q 重合,这就是要证明的.

定理 22 如果给定圆束和它所在平面内的点 P,那么该点关于圆束中所有圆的极线交于同一点 Q,并且线段 PQ 的中点在圆束的根轴上.

证明 现在研究给定圆束中圆心分别为 L,M,N 的三个圆 λ,μ,ν,以及不在直线 LM 上的点 P(图 61). 设点 P 关于圆 λ 和 μ 的极线 l 和 m 相交于点 Q. 以线段 PQ 为直径作圆 ω,它经过互相垂直的直线 l 和 PL 的交点 L',也经过互相垂直的直线 m 和 PM 的交点 M'.

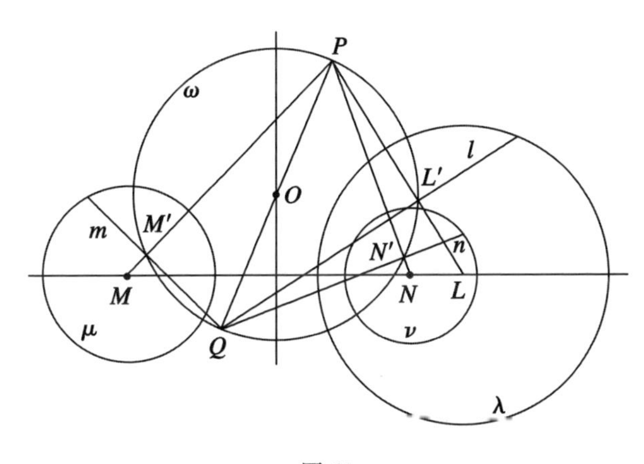

图 61

因为点 P 和 L' 关于圆 λ 对称,点 P 和 M' 关于圆 μ 对称(定理 21),所以由定理 1,圆 ω 与圆 λ 和 μ 正交,于是,它也与圆 ν 正交,它的圆心 O 位于圆束

的根轴上.

作直线 PN,用 N' 表示它与圆 ω 的第二个交点. 点 P 关于圆 ν 的极线 n 过点 N'(由于圆 ν 和圆 ω 正交),并垂直于直线 PN. 于是,直线 $N'Q$ 就是这条极线($\angle PN'Q = 90°$,因为它对着圆 ω 的直径). 由此也推出定理成立.

如果点 P 在圆束的圆心所在的直线上,那么它关于圆 λ,μ,ν 的极线平行. 在这种情况下,点 Q 将是无穷远点,点 P 和 Q 不能确定线段.

由定理 16 推出,点 Q 关于给定圆束的极线经过点 P. 我们称点 P 和 Q 为极共轭点.

现在研究圆束中经过点 P 的圆. 点 P 关于该圆的极线是该圆在点 P 的切线;由定理22,它经过点 Q. 我们同样确信,直线 PQ 与圆束中经过点 Q 的圆相切,所以直线 PQ 就是上面提到的两个圆的公切线.

问题33　作经过已知点 A,并属于已画出的两个圆 λ 和 μ 确定的圆束的圆 α 的五个点.

设点 A 在给定的两个圆中至少一个的圆外,例如在圆 λ 外(图 62).

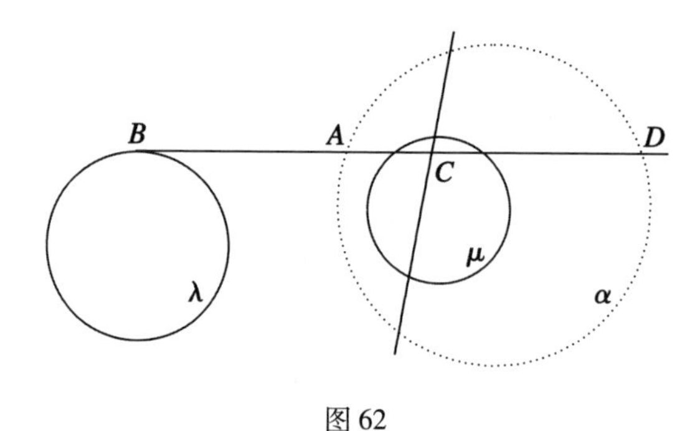

图 62

过点 A 作圆 λ 的切线 AB(B 是切点). 作与点 B 成极共轭点的点 C(它位于直线 AB 上),点 D 是点 $B,C;A$ 的第四调和点.

点 D 在圆 α 上,这由极线的定义和以下事实推出:由定理22,点 B 关于圆 α 的极线经过点 C.

可以继续作图,取点 D 为所求的点. 实际上,点 D 位于圆 λ 的切线上,于是,它在圆 λ 外. 如果点 D 与点 A 重合,那么为了作属于圆 α,但不同于点 A 的点,可以利用过点 A 的圆 λ 的第二条切线.

如果存在圆 α 的五点或者其中存在三点和两个切点(例如,AE 和 DF 中的点 E 和 F 分别是点 A 和 D 的极共轭点),那么作这个圆的新的点可以不利用圆 λ 和 μ(见 §12).

现在研究点 A 位于圆 λ 和 μ 的每一个的内部的情况(图 63).

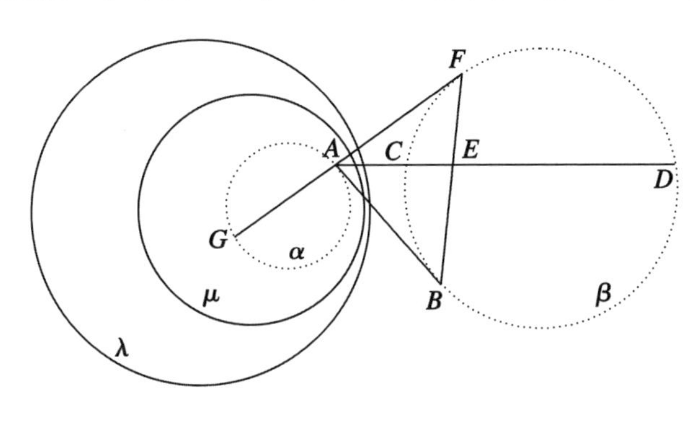

图 63

作点 A 的极共轭点 B,它位于圆 λ 和 μ 的外部. 于是,可以任意作任意多个属于圆束和经过点 B 的圆 β 的点. 直线 AB 将是圆 α 和 β 的公切线.

过圆 β 的不同于点 B 的点 C 作直线 AC,求出直线 AC 第二次与圆 β 相交的点 D,点 E 是点 $C,D;A$ 的第四调和点. 直线 BE 将是点 A 关于圆 β 的极线;作该直线与圆 β 的第二个交点(F). 此时,在与圆 β 相切的直线 AF 上可以像上面指出的那样作圆 α 的不同于点 A 的点 G.

与前面类似,可以过点 G 作圆 β 的不同于 GF 的切线,并求出圆 α 的第三个点. 继续作图,求出该圆的第四点,然后就可以不利用圆 λ 和 μ 作出该圆的新的点了(见问题 10).

§18　关于用直尺作圆心的不可能性

在§15中我们研究了在平面内画出辅助圆，并且在已知圆心的条件下用直尺作图. 与此有关，自然产生这样的问题：如果圆心没有给出，是否可以只利用直尺作出已画出的圆的圆心呢？这一作图是容易实施的，例如，如果在已知圆所在的平面内画一个平行四边形或者带有圆心的另一个圆，但是在我们没有安排某些辅助图形的情况下，正如由下面要援引的定理23所推出的那样，所提出的问题是无解的.

现在研究圆心为 M 和 N，且没有公共点的两个圆 μ 和 ν（图64）. 设它们的根轴交直线 MN 于点 O. 记圆心为 O，且与两已知圆正交的圆为 ω. 设它交直线 MN 于点 P 和 Q. 过点 Q 作垂直于 MN 的直线 π.

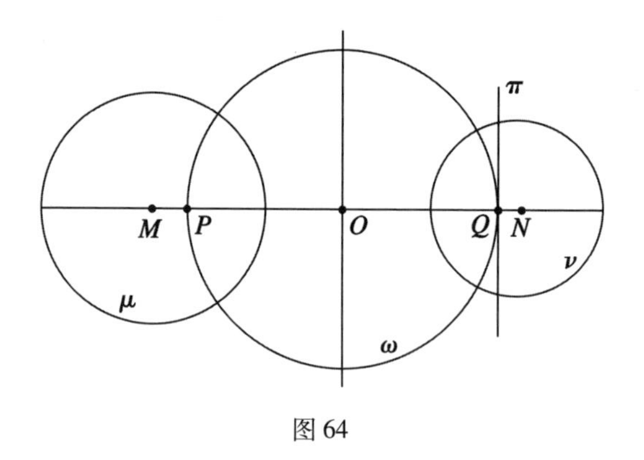

图64

因为点 P 和 Q 既关于圆 μ 对称，也关于圆 ν 对称（定理2），所以由定理11和定理14，点 P 是直线 π 关于圆 μ 和 ν 的每一个的极点.

取点 P 和直线 π 为基点和基线后，将调和变换用于所作的图形（见§16）. 此时圆 μ 和 ν 变为本身，但是它们的圆心在线段 PQ 外，变为这条线段上的点. 这种情况在我们证明定理23时要用到.

定理23　如果给定两个非同心圆，且没有公共点，那么只利用直尺不可能作出它们的圆心.

证明 如果这一作图是可能的,那么可以这样进行:在圆μ和ν所在的平面内任取若干个点,任意作若干条直线,然后经过所取的点作直线,经过原先作的直线彼此的交点,以及与已知圆的交点作直线.最后,我们求得给定圆中的一个圆的圆心,作为我们所作的直线中的两条确定的直线的交点.

如果将前面研究过的调和变换用于这一作图所得到的图形,那么精确重复我们在寻找给定的圆中的一圆的圆心时所作的一切就得到可以变换的新的图形.差别仅在于作图开始时任意选择的点和直线,将与第一个图形不同.于是,新的作图完全不同于原来的作图,因为其中每一个作图只可以从作任意点和任意直线开始.

所以(如果我们所作的假定成立)两种作法中的任一种都应该是用同一种方法去寻找同一个圆的圆心.但这是不可能的,因为对圆λ和μ的圆心M和N作调和变换的结果是变为不同于圆心M和N的点.因此,第一次作图中与圆μ(或ν)的圆心相交的直线变为交点不在该圆的圆心的直线.这样,假定能够只用直尺作圆μ和圆ν的圆心是错误的.因此,如果只画出这样一个圆,只用直尺作圆心,不用说,这更是不可能的.

上面所进行的证明对于画出几个属于同一个双曲线型圆束的非同心圆也是有效的.例如,如果圆束由圆μ和ν确定,那么用调和变换就可证明这一论断.

§ 19　可以用直尺作画好的两圆的圆心的各种情况

对下面的问题来说，重要的是，注意如果在画好的圆所在的平面内画了两条平行直线（$p \parallel q$），那么可以用直尺作圆的直径. 如果两条平行线与给定的圆相交，那么我们按照图 65 作图，直线 AB 是所求作的直径的所在直线. 在其他情况下，我们利用经过给定的圆的任意一点可以作平行线（问题 15）. 由此推得，如果在圆所在的平面内画了一个平行四边形，那么可以用直尺作画好的圆的两条直径，这表明也作出了圆心.

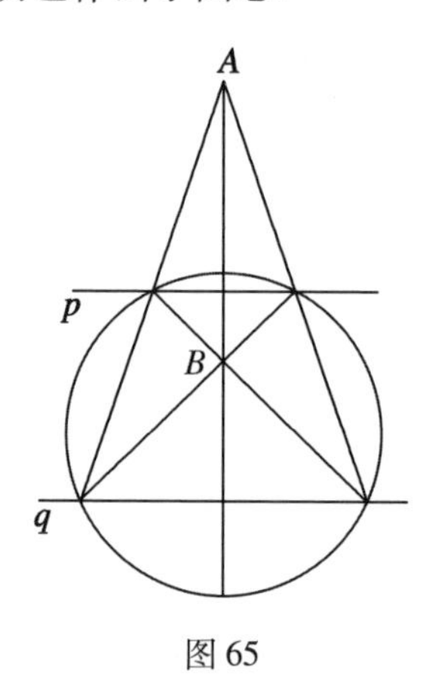

图 65

问题 34　平面内有画好的两圆 λ 和 μ. 在以下条件中的每一个，用直尺作这两个圆的圆心：

1. 除了给定的两个圆以外，在平面内还画了一对平行直线：$p \parallel q$.
2. 已知两圆相交.
3. 已知两圆相切.
4. 已知两圆是同心圆，但是公共圆心未知.
5. 已知两圆不是同心圆，也没有公共点，已知根轴上一点 A.
6. 已知两圆不是同心圆，也没有公共点，已知圆心线上一点 A.

我们分别研究上面列出的每一种情况，用虚线表示的直线是不作的，它们对论证作图是必须的.

1. 作直线 p 和 q 关于圆 λ 的极点 P 和 Q，关于圆 μ 的极点 P' 和 Q'(图 66).

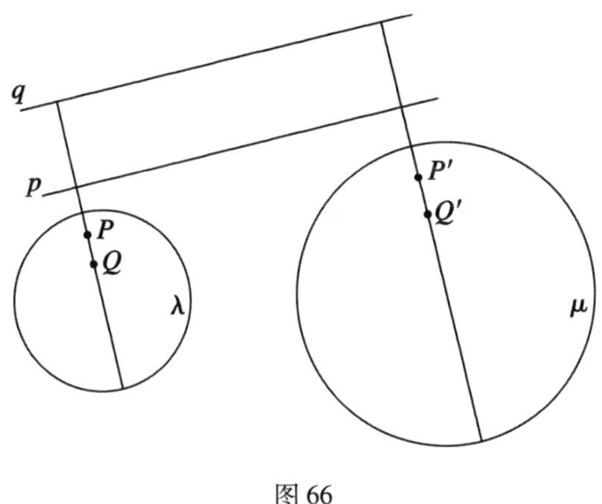

图 66

直线 p,q,PQ 和 $P'Q'$ 形成矩形，因为 $PQ \perp p, P'Q' \perp q$.

如果直线 $P'Q'$ 与 PQ 重合，那么 $P'Q'$ 将是已知两圆的圆心线. 在这种情况下，上述的作图方法不适用，但是可以利用 6 的作法.

2. 第一种作法. 在两个已知圆中的一个圆上任取不同于两圆交点的两点 C 和 D. 根据图 67 作图，直线 EH 和 FG 平行，因为 $\angle 1 = \angle 2 = \angle 3 = \angle 4 = \angle 5 = \angle 6$. 然后再类似地作两条平行线得到平行四边形.

第二种作法. 在已知两圆的交点 B 处作圆 λ 的切线 BC，在圆 λ 上任取一点 D，并作直线 DA,DB,CE(图 68). 此时 $\angle 1 = \angle 2 = \angle 3$，于是，$CE \parallel DB$.

我们注意到，在给定的两个圆中有一个圆在平面内没有画完整：只要有圆上的五点，本题也可以用同样的方法解出. 这些点中务必包含两个已知圆的交点.

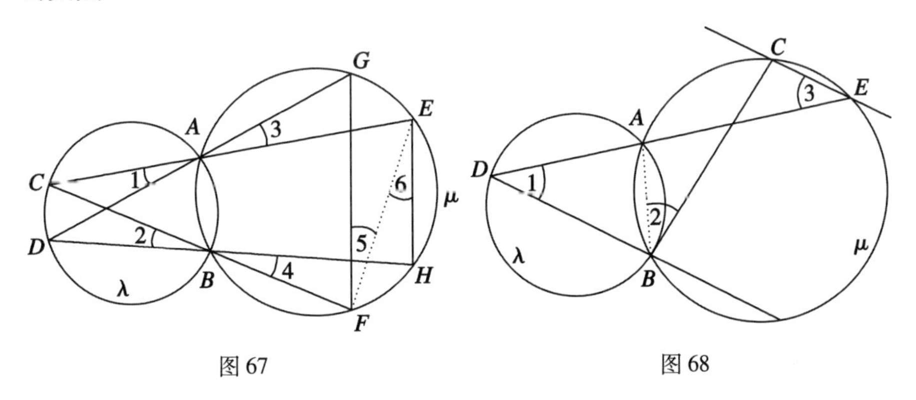

图 67　　图 68

3. 按照图 69 作两条平行线 BC 和 DE,其中 $\angle 1 = \angle 2 = \angle 3 = \angle 4$.

4. 按照图 70 作图,得到两条平行线 AB 和 CD.

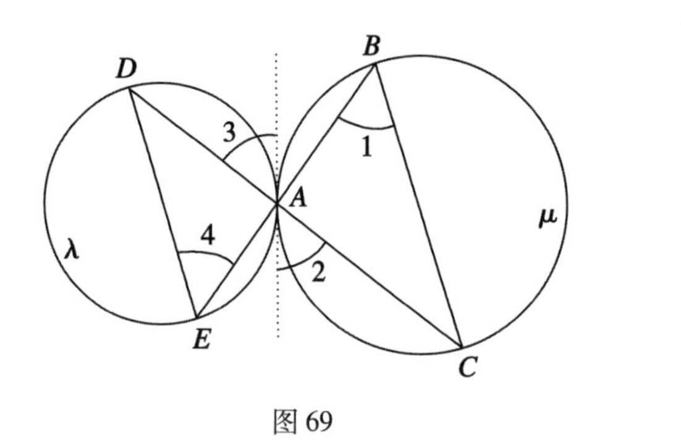

图 69

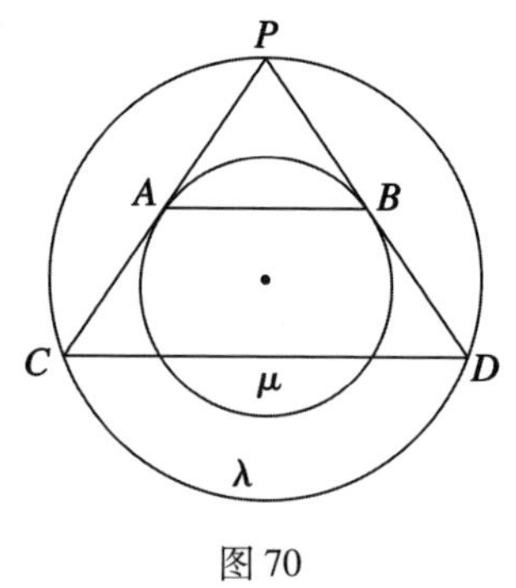

图 70

5. 作根轴上的点 A 的共轭极点 B,直线 AB 即是两已知圆的根轴. 在直线 AB 外取点 C,作 C 的极共轭点 D. 直线 AB 平分线段 CD(定理22),于是,可以作平行于 CD 的直线(问题13),并利用1的作图. 如果点 A 既在根轴上,又在圆 λ 和 μ 的圆心线上,那么根轴平行于点 A 关于圆 λ 和 μ 的极线.

6. 作点 A 关于圆 λ 和 μ 的极线,再作这两个圆的圆心线 AB(比较图65).

在圆 λ 上任取不在直线 AB 上的点 C(图71),作 C 的极共轭点 D,以及经过点 D,并属于由圆 λ 和 μ 确定的圆束的圆 γ 上的五点(问题33).

直线 CD 将是圆 λ 和 γ 的公切线,于是,公切线与直线 AB 的交点 E 将是这两个圆的相似中心. 在圆 γ 上任取点 F,作直线 EF. 设 EF 交圆 λ 于点 H 和 K,第二次与圆 γ 交于点 G,此时 $DF \parallel CH$, $DG \parallel CK$.

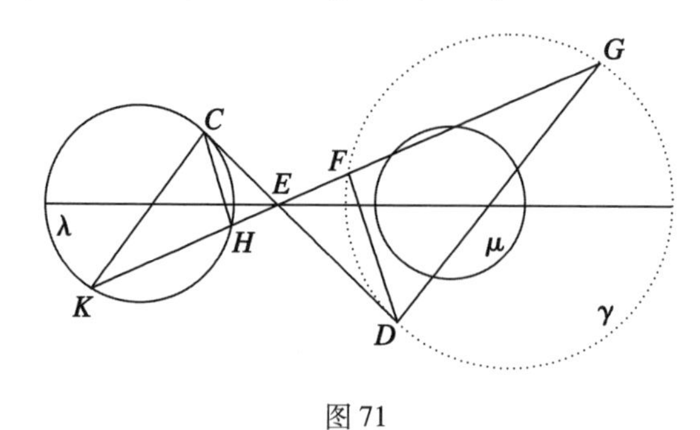

图 71

§ 20　用直尺作若干个圆的圆心

问题 35　画好四个圆 χ,λ,μ,ν,其中任何三个圆都不属于同一个圆束.用直尺作这四个圆的圆心.

我们认为,在给定的圆中没有同心圆或者公共点,因为否则我们可以利用问题 34 的 2,3 或 4 作图.

解题的思路在于用一个与给定的圆中的一个相交的辅助圆作图,并且两个交点应该已知,然后利用问题 34 的 2 作图.

我们在圆 χ 上任取一点 A,再作经过点 A,并属于圆束 (λ,μ)[①] 的圆 α 的四点,再作经过点 A,并属于圆束 (μ,ν) 的圆 β 的四点(图 72).

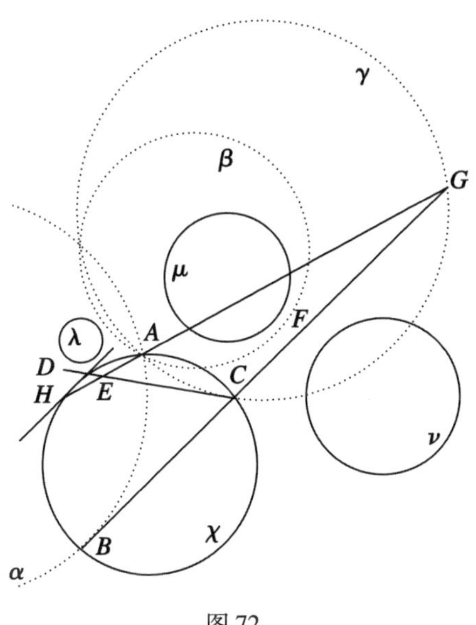

图 72

由于圆 χ 和 α(χ 和 β) 的第二个交点未知,所以必须再作一个辅助圆,为的是可以容易求出它与圆 χ 的两个交点. 为此我们在圆 α 上,圆 χ 内取点 B,过点 B 作圆 α 的切线 BC(点 C 在圆 χ 上). 我们注意到,点 B 也可以取在圆 χ

① 我们用这一记号表示由圆 λ 和 μ 确定的圆束.

外,只要圆 α 的过点 B 的切线与圆 χ 相交即可.

我们用 γ 表示经过点 C 且属于圆束 (α,β) 的圆.

作与点 B 和 C 关于圆束 (α,β) 成极共轭点的点 F 和 D,作点 $B,F;C$ 的第四调和点 G,作直线 AG. 点 G 属于圆 γ,而直线 CD 切圆 γ 于点 C(见 §17). 点 A 也属于圆 γ,因为圆 γ 经过圆 α 和 β 的交点. 这样,圆 χ 和 γ 的两个公共点 A 和 C 就已知了.

设直线 CD 和 AG 与圆 χ 的第二个交点分别为点 E 和 H. 此时 $EH \parallel BC$(见问题 34,2 的第二种解法). 进一步利用问题 34 的 1 的作法.

在圆 λ,μ 或 ν 中有一个给出五个点的情况下所研究的方法是适用的.

问题 36 用直尺作不属于同一个圆束的三个画好的圆 λ,μ,ν 中一个的圆心.

我们认为在给定的圆中,任何两个都没有公共点或公共的圆心.

在圆 λ 上任取一点 A,经过点 A 和属于圆束 (μ,ν) 的圆 α 上作点. 然后过点 A 作动直线,用 P 表示它与圆 λ 的第二个交点,用 Q 表示它与圆 α 的第二个交点(图 73). 如果规定与点 A 不同的点 B 和 C 分别在圆 λ 和 α 上,那么当直线 PQ 绕点 A 旋转时,直线 BP 和 CQ 的交点 R 将描绘出圆 τ,在研究 $\triangle PQR$ 的角的大小后容易确认它. 于是,不难作出圆 τ 的五个点.

圆 λ,μ,ν,τ 中的任何三个都不属于同一个圆束①,所以下面可以利用问题 35 作图.

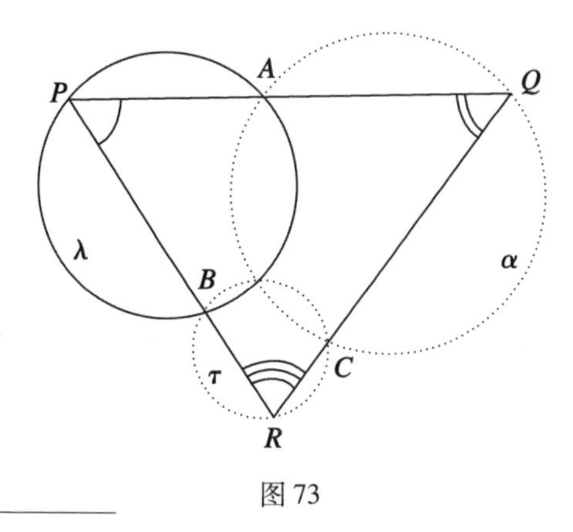

图 73

① 圆 τ 不属于双曲线型束 (μ,ν),因为它与该束的圆 α 相交. 圆 μ(确切地说,圆 ν 也) 不属于椭圆型束 (λ,τ),因为它与圆 λ 不相交.